この1冊でよくわかる

吉村拓也の

消防設備士

株式会社WAVE1 代表取締役

吉村 拓也 著

弘文社

はじめに

　この度は，本書を手に取っていただき誠にありがとうございます。私自身，現存する消防設備士試験受験用テキスト及び問題集を利用すると共に，周囲の情報収集を経て対策を行い，消防設備士資格全種類取得を目指しました。この消防設備士試験では問題が終了後，試験元に回収されてしまうため，過去問が世に出回りません。

　また，出題傾向が分かりにくく，様々な問い方で出題してくるため，私は試験勉強を行う際，確実に合格するためには，テキストで重要とされるキーワードを全て頭に入れなければ試験問題に応用が利かないと考えました。しかし，消防設備に関する知識が全くない状態からのスタートであったため，知らない情報を文字で理解していくことは大変厳しく途方もない時間がかかると感じました。重要語句を確実に覚え続け，曖昧な部分を即座に見つけ，覚え直す方法を私は考えていました。

　そこで考案したのが「穴埋め型問題」であります。これは，テキストにおいて試験に出題されるキーワードに穴が空いているものです。初めから穴を自力で埋めるのではなく，すぐ下にある答えを見ながら文章を読んでいって下さい。それを数回繰り返し全て読み続けると，答えを伏せた状態であっても自力で穴であるキーワードが解けるようになります。解けない問題や曖昧な問題をチェックし，何度も挑戦することで確実に解けるようになります。

　この方法における最大のメリットは，テキストでよく起こりうる読み落とし，覚え忘れを無くし，確実にキーワードを漏れなく覚えることが出来るところです。これを押さえることが出来れば，様々な出題形式にも対応出来ます。

　私は，知識及び実務経験が殆どない状態からこの方法で，消防設備士資格を全種類取得することが出来ました。自身の経験により作成した本書を利用していただくことで，合格に必要な実力が身に付くと確信しています。

　消防設備は火災時において確実に規定通り作動出来ることが重要です。そのためには設置・維持管理を徹底しなければなりません。一人でも多くの方が試験に合格し，この責任ある職務を担っていただけること心より願っております。本書がその一助になれば幸いです。

本書の特徴

特徴その1　キーワードが確実に理解できる穴埋め問題

　本書では，テキスト部分を穴埋め形式にしています，初めはすぐ下にある答えを見ながら，読み進めて下さい。数回繰り返すうちに，自然とキーワードが理解できるようになります。重要度（出題頻度）を表す★マークやチェックボックスも活用して下さい。

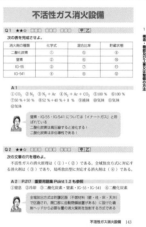

特徴その2　演習問題で得点力を高める

　テキストを一通り学習して基礎ができたら，各項末の演習試験にチャレンジしてみましょう。試験形式に慣れて関連知識をさらに深めることができ，グッと合格に近づきます。
※基礎的知識については 例題 で対応しています。

特徴その3　You Tube の講義動画で更なる理解を

　You Tube で本書を使用した動画講義を提供します（順時公開予定）。より深く理解したいテーマの学習や直前対策として活用できます。

特徴その4　豊富な図解で実技試験対策

　本書では鑑別試験対策に力を入れています。豊富な図解を用意していますので，どんな問題でも対応できるようにしっかりと取り組んで下さい。

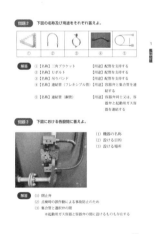

受験案内

　世の中の建物の多くには消防用設備等が設置されています。この様な設備を設置工事，整備等を行うため必要な資格が消防設備士であり，「甲種」及び「乙種」の2種類に分かれています。「乙種」は対応する消防用設備等の点検・整備のみであり，「甲種」は点検・整備に加えて設置工事を行うことが出来ます。

消防設備士　類別　対象設備			
甲種	乙種	類別	消防用設備等
○		特　類	特殊消防設備等
○	○	第1類	屋内消火栓設備，屋外消火栓設備，スプリンクラー設備，水噴霧消火設備
○	○	第2類	泡消火設備
○	○	第3類	不活性ガス消火設備，ハロゲン化物消火設備，粉末消火設備
○	○	第4類	自動火災報知設備，ガス漏れ火災警報設備，消防機関へ通報する火災報知設備
○	○	第5類	金属製避難はしご，救助袋，緩降機
	○	第6類	消火器
	○	第7類	漏電火災警報器

受験資格

　甲種消防設備士は，一定の資格や条件が必要です。詳しくは，消防設備士試験研究センターのホームページを参照下さい。

　乙種消防設備士は，実務経験，学歴，年齢，国籍を問わず誰でも受験することが可能です。

試験科目・問題数・試験時間

試験科目			問題数	
			甲種	乙種
筆記試験	基礎的知識	機械に関する部分	6	3
		電気に関する部分	4	2
	消防関係法令	各類に関する部分	8	6
		第3類に関する部分	7	4
	構造・機能及び工事または整備の方法	機械に関する部分	10	8
		電気に関する部分	6	4
		規格に関する部分	4	3
	筆記試験合計		45	30
実技試験	鑑別等		5	5
	製図		2	–
	実技試験合計		7	5
試験時間			3時間15分	1時間45分

出題形式

筆記試験　：4つの選択肢の中から1つの正答を選ぶ四肢択一マークシート方式です。

実技試験（鑑別）：写真・イラスト・図から正当を選んだり，関連問題に答えるもので記述式です。

実技試験（製図）：設備の設計に必要な問題で簡易的な設備図面作成又は関連問題に答えるもので記述式です。

科目免除

　消防設備士，電気工事士，電気主任技術者，技術士等の資格を有する場合，試験科目の一部が免除になる場合があります。詳しくは，消防設備士試験研究センターのホームページを参照下さい。

合格基準

下記の基準を①及び②の両方達成することで合格となります。

①筆記試験：各科目ごとに40%以上であり，全体出題数の60%以上であること。

②実技試験：全体出題数の60%以上であること。

※試験問題において，一部免除を利用する場合，免除の問題数を差し引いた出題数で計算します。

受験の手続き

受験地

居住地に関わらず全国どこでも受験可能です。

試験案内・受験願書

受験願書は全国共通です。願書の入手場所は，消防試験研究センターの各道府県支部，消防本部，消防署等です。

申請方法

下記の2種類がある。

書面申請：受験願書に書き込んで，郵送する。

電子申請：消防試験研究センターのホームページから申し込む

試験日

全国各地で年数回実施されている。詳しくは，消防設備士試験研究センターのホームページを参照下さい。

受験手数料

甲種：5,700円

乙種：3,800円

消防設備士試験研究センターのホームページ

ホームページ：http://www.shoubo-shiken.or.jp/

電話　　　　：03-3597-0220（本部）

※受験案内の内容は変更することがありますので，
　必ず早目に各自でご確認ください。

目 次

機械または電気に関する基礎的知識

消防関係法令

構造・機能及び工事又は整備の方法

1　構造・機能及び工事又は整備の方法

実技試験

コラムその1　吉村 拓也とは何者か

はじめまして。株式会社 WAVE1 代表取締役の吉村拓也です。
僕が経営する株式会社 WAVE1 では，消防設備業と IT 事業をメインとして日々更なる成長を目指しております。現在は東京・大阪・長野の 3 拠点で正社員35人の規模ですが，今後他のエリアにも営業所を作って社員も増やしていきながら会社を大きくしていくつもりです。

はじめは父親が経営する防災屋を 2 代目として継ごうと思いました。消防設備士としての道を歩みだそうと決意して父の会社の社員さんたちに仕事を教えてもらう日々を過ごしました。始めはやる気に満ち溢れていたので，消防設備士試験に向けてすぐに勉強を開始しました。そして，7 カ月で全 8 種類を揃えることが出来ました（本書ではそのノウハウを披露しています）。しかし，業務をこなす日々を過ごしていくうちに消防設備士が嫌いになっていきました。

日々不平不満を口にする社員さんと仕事をしてると，僕も同じように日々不平不満を口にするようになっていました。「こんな状況はよくないな。環境を変えないと。」
そんな時に大好きな漫画『ONE PIECE』を見て起業を決意しました。
「こんな冒険物語を自分の人生で作ろう。」そう思って『見知らぬ土地でニートの状態から起業して業界日本一の会社を創る』と決めました。

2017年 4 月15日，10万円だけ握りしめたニートの状態で東京に到着して起業物語がスタートしました。そして今，WAVE1 という会社を経営しながら，「消防設備士」の魅力を発信しています。
いつか自分の人生をマンガにしようと思っているので，自分の人生を忘れないように日々ブログを書いています。読んでいただければ僕がニートの頃から今に至るまで（嫌いになった消防設備業界でなぜ起業したのか）が分かるので興味ある方はご覧ください（あくまで試験勉強を優先してくださいね）

機械または電気に関する基礎的知識

●**「基礎的知識」**においては，計算問題のみをパターン化して覚えるだけでは，少しひねって出題された場合対応出来ません。また，計算ではなく文章として出題されることもあります。様々な問題形式に対応できるよう基礎からしっかり学習していく必要があります。

　本書を順番通りに進めていくことで応用問題にも対応可能です。何度も繰り返し解いていけば出題範囲は専門問題と比べ決して多くないため，確実な得点源となります。

1 　機械の基礎的知識

要点まとめ（公式）

■密度

$$\text{密度}\,〔g/cm^3〕= \frac{\text{物質の質量}〔g〕}{\text{物質の体積}〔cm^3〕}$$

■比重

$$\text{比重} = \frac{\text{物質の質量}}{\text{物体と同じ体積の水}(4℃)\text{の質量}}$$

水(4℃)： 1.0　海水：1.01～1.05
アルミニウム：2.68　鋼鉄：7.87
水銀(10℃)：13.57

■圧力

絶対圧力＝ゲージ圧＋大気圧

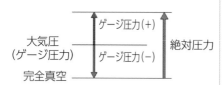

■パスカルの原理

$$\frac{P_1}{A_1} = \frac{P_2}{A_2}$$

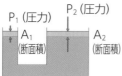

■トリチェの実験

1atm	← 標準大気圧
760mmHg	← 水銀柱の高さ
10332.3mmAq	← 水柱の高さ
1013hPa	← 圧力（ヘクトパスカル）

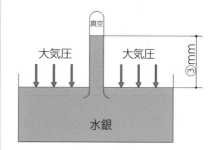

■ボイル・シャルルの法則

$$\frac{PV}{T} = k\ （一定）$$

V：気体の体積　P：圧力　T：絶対温度

■連続の法則

$$Q = A\,v_1 = B\,v_2 = 一定$$

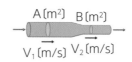

■摩擦損失

$$摩擦損失水頭 = \lambda \frac{l}{d} \times \frac{v^2}{2g} \ [m]$$

※ λ：管摩擦損失係数
※ g：重力加速度〔m/s²〕

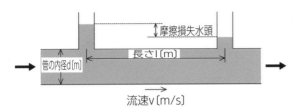

■ベルヌーイの定理

$$H = z + \frac{v^2}{2g} + \frac{p}{\rho g} \rightarrow \ 一定$$

位置　速度　圧力

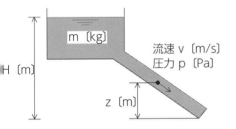

■トリチェの定理

$$v = \sqrt{2gH}$$

※ g：重力加速度〔m/s²〕

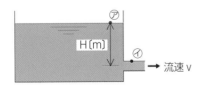

■モーメント

$$M = F \times l \ [N \cdot m]$$

■モーメント2

O点を基準とする場合
$$F_1 \times l_1 = F_2 \times l_2$$
A点を基準とする場合
$$F_3 \times l_1 = F_2 \times (l_1 + l_2)$$
B点を基準とする場合
$$F_3 \times l_2 = F_1 \times (l_1 + l_2)$$

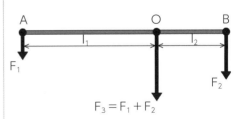

$$F_3 = F_1 + F_2$$

■等価速度運動

$$速度 = \frac{S}{t} \; [m/s]$$

$$加速度 = \frac{v_1 - v_0}{t} \; [m/s^2]$$

初速がv_0 [m/s]，加速度a [m/s²] の等価加速運動のt秒後の移動距離 h

$$h = v_0 t + \frac{1}{2} a t^2 \; [m]$$

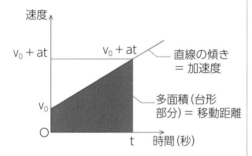

■自由落下運動

静止している物体が落下しているt秒後の落下速度

gt [m/s]

静止している物体が落下しているt秒後の落下距離

$$\frac{1}{2} g t^2 \; [m/s]$$

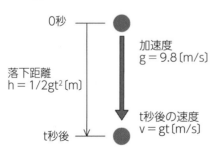

■運動の法則

「運動の第一の法則」

慣性の法則：静止している物体は静止し続け，動いている物体は動き続ける。

「運動の第二の法則」

運動の法則：$F = m\alpha$ [N]

質量：m [kg]

加速度：α [m/s²]

「運動の第三の法則」

作用・反作用の法則：同力で力が反発し合い，静止状態を保つこと。

■摩擦力

最大摩擦力： $F = \mu N$ [N]

μ：摩擦係数

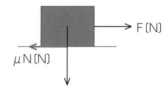

水平面に垂直にかかる力N [N]

■滑車

重量：W [N]

物体を引く力：F [N]

動滑車の数：n [個]

$$F = \frac{W}{2^n} \; [N]$$

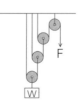

■金属の比重

金属の種類	比重
白金	21.45
金	19.32
水銀	13.55
鉛	11.34
銀	10.49
銅	8.92
ニッケル	8.91
鉄	7.87
アルミニウム	2.7
マグネシウム	1.74

■熱処理の種類

①：焼入れ　②：焼戻し

③：焼きなまし　④：焼ならし

■応力

引張応力

圧縮応力

せん断応力

曲げ応力

$$応力(応力度) = \frac{荷重〔N〕}{面積〔mm^2〕}〔MPa〕$$

■ひずみ

$$ひずみ = \frac{(l_1 - l)}{l}$$

■応力とひずみの関係

A：比例限度

B：弾性限度

C：上部降伏点

D：下部降伏点

E：引張強さ(極限強さ)

F：破壊点

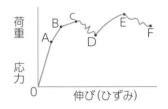

■安全率

$$安全率 = \frac{引張強さ(極限強さ)}{許容応力}$$

水理

下記は流体の性質に関するものである。穴を埋めよ。

単位体積あたりの質量（物質 1 cm³ あたりの質量）を（ ① ）といい，物質の物質の種類によって決まった値である。（ ① ）は次の通りである。

$$（ ① ）〔g/cm^3〕 = \frac{物質の質量〔g〕}{物質の体積〔cm^3〕}$$

温度が（ ② ）℃の水の密度 ＝（ ③ ）g/cm³

A1

①密度　②4　③1

下記は流体の性質に関するものである。穴を埋めよ。

物質の質量とその物体と同じ体積の水（4℃）の質量との比を（ ① ）という。

（ ① ）は，次の通りである。

$$（ ① ） = \frac{物質の質量}{物体と同じ体積の水（4℃）の質量}$$

例

水（4℃）：（ ② ）　海水：1.01～1.05　アルミニウム：（ ③ ）

鋼鉄：（ ④ ）　水銀（10℃）：（ ⑤ ）

水（4℃）の 1 m³ の質量は（ ⑥ ）t である。

A2

①比重　②1.0　③2.68　④7.87　⑤13.57　⑥1

比重には単位がありません！

18

Q3 ★★☆ □□□ □□□ □□□ 甲 乙

下記は圧力に関するものである。穴を埋めよ。

　圧力とは単位面積あたりに加わる力のことをいう。大気圧（空気の重さ）がかかっている地上で圧力がかかるとその圧力には（ ① ）圧が加算される。この（ ① ）圧が加算された分の圧力を（ ② ）圧力という。また（ ② ）から（ ① ）を引いた分の圧力を（ ③ ）圧力という。圧力計などに表示されるのは（ ③ ）圧力である。

　　（ ③ ）圧力＝（ ② ）圧力－（ ① ）圧

A3

①大気　②絶対　③ゲージ

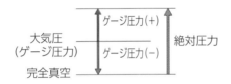

Q4 ★★☆ □□□ □□□ □□□ 甲 乙

下記は圧力に関するものである。穴を埋めよ。

　水銀を満たしたガラス管を，図のように容器に倒立させる。するとガラス管内の水銀の上部に真空の空間が出来て，ガラス管内の水銀柱の重量と周囲の空気が水銀柱を押し上げる力とが釣り合った状態となる。この時，水銀柱が落ちないように支えているのが（ ① ）圧である。これを（ ② ）の実験という。

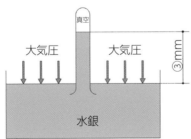

　大気圧は，0℃における水銀柱（ ③ ）mmの高さに相当する圧力を1気圧〔atm〕としている。

$1 \text{ atm} = 1013 \text{ hPa} [ヘクトパスカル] = (③) \text{ mmHg}$

（水銀柱の高さ）

（③）mmHg ← 水銀柱の高さ

10332.3 mmAq ← 水柱の高さ

（④）hPa ← 圧力（ヘクトパスカル）

A 4

①大気　②トリチェリ　③760　④1013

例題　水銀の比重を13.59として，760 mm の水銀柱の高さを 1 気圧とするとき，次のうち 1 気圧を表す数値として正しいものはどれか。

(1)　14.86 kg/cm² 　(2)　1013 hPa

(3)　1.13 MPa 　 (4)　13.39 mmAq

解答　（2）

解説　1 atm ← 標準大気圧

　　　760 mmHg ← 水銀柱の高さ

　　　10332.3 mmAq ← 水柱の高さ

　　　1013 hPa ← 圧力（ヘクトパスカル）

Q 5　★★☆　□□□　□□□　□□□　　甲 乙

下記は圧力に関するものである。穴を埋めよ。

　密閉された容器内の液体の一部に圧力を加えると，同じ強さの圧力で液体の各部に伝わる。これが（①）の原理である。

　ピストンのそれぞれの圧力を P_1，P_2とし，断面積を A_1，A_2とすると，次の式となる。

$$\frac{②}{④} = \frac{③}{⑤}$$

語群			
P_1	A_2	P_2	A_1

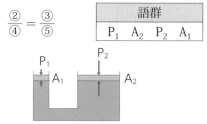

A 5

①パスカル　②P_1　③：P_2　④：A_1　⑤：A_2

公式	パスカルの原理

$$\frac{P_1}{A_1} = \frac{P_2}{A_2}$$

例題　ピストンの異なる水圧機で，断面積 A_1 は A_2 の1/3の大きさである。このとき，同じ高さで釣り合う P_1 と P_2 の関係として正しいものはどれか。ただし，ピストンの自重は無視する。

(1)　P_1 は P_2 の1/3倍の力である。
(2)　P_1 は P_2 の3倍の力である。
(3)　P_1 は P_2 の6倍の力である。
(4)　P_1 は P_2 と同じ力である。

解答　（1）

解説　前問の式を P_1 及び A_1 のみに統一する。

$$\frac{P_1}{A_1} = \frac{P_2}{A_2} \rightarrow \frac{P_1}{A_1} = \frac{3P_1}{3A_1}$$　よって $P_2 = 3P_1$ となり，$P_1 = 1/3P_2$ となる。

Q 6　★★☆　□□□　□□□　□□□　　甲 乙

下記は圧力に関するものである。穴を埋めよ。

気体の体積 V は，圧力 P に反比例し，絶対温度 T に比例する。これを（ ① ）の法則という。

$$\frac{PV}{T} = k \ （一定）$$

気体を熱すると絶対温度 T が上昇するので，（ ② ）と圧力のどちらかが増加する。一方，（ ② ）を小さくすると，（ ③ ）が増加するか絶対温度が減少する。

A 6

①ボイル・シャルルの法則　②体積　③圧力

機械の基礎的知識

水理　21

例題 ボイル・シャルルの法則について次のうち正しいものはどれか。

(1) 気体の体積は圧力の2乗に反比例し，絶対温度に比例する。
(2) 気体の体積は圧力の2乗に比例し，絶対温度に反比例する。
(3) 気体の体積は圧力に反比例し，絶対温度に比例する。
(4) 気体の体積は圧力に比例し，絶対温度に反比例する。

解答 (3)

解説 次式による。

$$\frac{PV}{T} = k（一定）\qquad P：圧力\quad V：体積\quad T：絶対温度$$

例題 窒素ガス容器の内圧が27℃において30 MPa であった。7℃となったときのこの容器の内圧として，次のうち正しいものはどれか。

(1) 8 MPa　(2) 14 MPa
(3) 28 MPa　(4) 32 MPa

解答 (3)

解説 次式による。

$$\frac{PV}{T} = k（一定）\qquad P：圧力\quad V：体積\quad T：絶対温度$$

$$\frac{30V}{(273+27)} = \frac{PV}{(273+7)}\qquad T = 摂氏温度+273$$

$$\frac{30V}{300} = \frac{PV}{280}$$

$$\frac{V}{10} = \frac{PV}{280}$$

$$1 = \frac{P}{28}$$

$$P = 28 〔MPa〕$$

Q7 ★★☆ □□□ □□□ □□□ 甲 乙

下記は流れに関するものである。穴を埋めよ。

単位時間に流れる液体や気体の量を（ ① ）という。

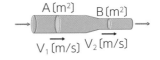

管内を流れる流体の流速 v と管内の断面積 A の積，すなわち流量 Q は一定である。

これを（ ② ）の法則という。右図のように管内の断面積 A，B の部分を流れる流速を v_1，v_2 とすると次の通りとなる。ただし摩擦力は考えないものとする。

$$Q = Av_1 = Bv_2 = 一定$$

管内の断面積が小さい所では流速が（ ③ ）となり，断面積が大きくなると流速が（ ④ ）となる。

A7

①流量　②連続　③大きい値　④小さい値

Q8 ★★☆ □□□ □□□ □□□ 甲 乙

下記は流れに関するものである。穴を埋めよ。

次ページ図のように高い所に水があるだけで発生するエネルギーを（ ① ）エネルギーという。水の質量を m〔kg〕，はじめの高さを H〔m〕とすれば，水の（ ① ）エネルギーは次のように表せる。

（ ① ）エネルギー：mgH〔J〕　　※ g：重力加速度　9.8〔m/s²〕

はじめの高さ H〔m〕における位置エネルギーは落下によって，（ ② ）エネルギーと（ ③ ）エネルギーに変化する。図のように水がパイプ管を通って落下するとき，高さ z〔m〕における水の（ ① ）エネルギー，（ ② ）エネルギー，（ ③ ）エネルギーはそれぞれ次のように表せる。

（ ① ）エネルギー：mgz〔J〕
（ ② ）エネルギー：1/2 m V²〔J〕
（ ③ ）エネルギー：mp/ρ〔J〕
　　　　　　※ρ＝水の密度〔kg/m³〕

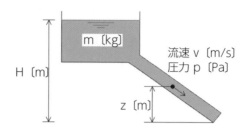

この3つのエネルギーの総和は，「エネルギー保存の法則」により，最初の高さ H〔m〕における位置エネルギーに等しくなる。したがって，次の式が成り立つ。

$$mgH = mgz + \frac{1}{2}mv^2 + \frac{mp}{\rho}\text{〔J〕}$$

両辺を mg で割ると，

$$H = z + \frac{v^2}{2g} + \frac{p}{\rho g} \rightarrow \quad \text{一定}$$

この式の右辺は，高さ z〔m〕における水の（ ① ）エネルギー，（ ② ）エネルギー，（ ③ ）エネルギーを高さに換算したものとして考えることができ，それぞれ（ ④ ），（ ⑤ ），（ ⑥ ）という。また，最初の高さ H〔m〕を（ ⑦ ）という。

上式における3つの水頭の総和は，管内のどの場所でも一定で，全水頭 H〔m〕と等しいことを示す。これを（ ⑧ ）の定理という。

A8
①位置　②速度　③圧力　④位置水頭　⑤速度水頭　⑥圧力水頭
⑦全水頭　⑧ベルヌーイ

Q9　★★☆　□□□　□□□　□□□　　甲 乙

下記は流れに関するものである。穴を埋めよ。

ベルヌーイの定理により，管内を流れる流体のエネルギーの総和は常に一定である。しかし実際には，管の内壁との摩擦や流れの乱れなどによって，一部のエネルギーが失われる。これを（ ① ）という。

次図のように，水圧管の上流と下流で水柱の高さを測定すると，摩擦損失により，上流の水柱より下流の水柱のほうが低くなる。この差を（ ② ）と

いう。

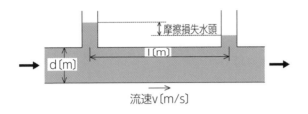

（②）は管の長さ l と流速 v の 2 乗に比例し，管の内径 d に反比例する。
式で表すと，

$$（②）＝ \lambda \frac{l}{d} \times \frac{v^2}{2g} \; 〔m〕$$

※ λ：管摩擦損失係数
※ g：重力加速度〔m/s²〕

A 9
①摩擦損失　②摩擦損失水頭

例題　水平な直管内を水が流れている場合，流速のみを 2 倍にすると，摩擦損失は何倍になるか。正しいものは次のうちどれか。

(1)　0.2倍　　(2)　0.5倍　　(3)　2.0倍　　(4)　4.0倍

解答　(4)

解説　次式による。

$$摩擦損失水頭 ＝ \lambda \frac{l}{d} \times \frac{v^2}{2g} \; 〔m〕$$

※ λ：管摩擦損失係数　　v：流速　　l：長さ　　d：管径
※ g：重力加速度〔m/s²〕
流速 v が 2 倍になるため，摩擦損失係数は 4 倍となる。

> **例題** 配管の摩擦損失水頭に関する記述として正しいものは次のうちどれか。

(1) 管の内径に比例する。
(2) 流速の 2 乗に比例する。
(3) 管の長さに反比例する。
(4) 管の内径の 2 乗に反比例する。

解答 （2）
解説 次式による。

$$\text{摩擦損失水頭} = \lambda \frac{l}{d} \times \frac{v^2}{2g} \ [\text{m}]$$

※λ：管摩擦損失係数　v：流速　l：長さ　d：管径
※g：重力加速度〔m/s^2〕

Q10 ★★☆ □□□ □□□ □□□ 　甲乙

下記は流れに関するものである。穴を埋めよ。

　下図のように，水を満たした水槽の側面や底面に小さな穴を開けると，そこから水が流出する。このような小穴を（ ① ）という。

　水面上の 1 点（⑦）における水頭の和と，小穴の出口（④）における水頭の和は，ベルヌーイの定理により等しくなる。水面では圧力は 0，流速も 0 なので，圧力水頭と速度水頭は 0 である。よって次の式が成り立つ。

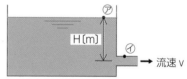

$$H = \underbrace{\frac{0}{\rho g} + \frac{0^2}{2g} + z}_{（⑦）} = \underbrace{\frac{0}{\rho g} + \frac{v^2}{2g} + 0}_{（④）} \rightarrow H = \frac{v^2}{2g}$$

※ρ：水の密度

　つまり，$v = \sqrt{2gH}$　※g：重力加速度〔m/s^2〕となり，これを（ ② ）の定理という。

A10

①オリフィス　②トリチェ

力学

Q1 ★★☆ □□□ □□□ □□□ 　甲│乙

下記は力学に関するものである。穴を埋めよ。

　物体に力を加えると，自然にある状態から，何らかの変化を起こす。例え
ば，指で木箱を押した場合，位置が移動する。

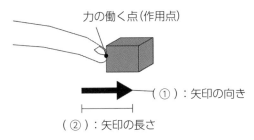

　力の三要素は，力の働く点（作用点）・（ ① ）・（ ② ）である。

A1

①力の向き　②力の大きさ

Q2 ★★☆ □□□ □□□ □□□ 　甲│乙

下記は力学に関するものである。穴を埋めよ。

　ひとつの物体に2つの力が作用すると，それらの力は合成され，ひとつの
力が作用したのと同じ状態になる。これを（ ① ）という。

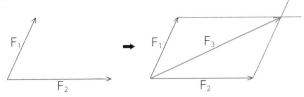

F_1 と F_2 の合力が F_3 である。

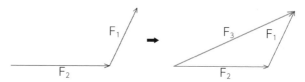

F₃（合力）の求め方は F₁と F₂の終点を結ぶことで表せる。

ひとつの力を複数に分解することもできる。分解してできる力を（ ② ）という。

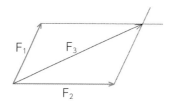

F₃の分力は F₁と F₂で表せる。

A 2

①合力　②分力

例題　F₁と F₂の合力が F₃である。F₃の値として正しいものは次のうちどれか。

(1)　0 N
(2)　50 N
(3)　100 N
(4)　200 N

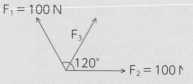

$F_1 = 100\,N$

$F_2 = 100\,N$

120°

F₃

解答　(3)

解説

F₁の始点を F₂の終点まで平行移動させる。そこで三角形を作るように F₃の矢印を引く。F₁, F₂, F₃は同じ長さであり，内部角度はすべて60°である。これにより，$F_1 = F_2 = F_3$ が成り立つことから F₃ = 100N となる。

28

Q3 ★★☆ □□□ □□□ □□□ 甲乙

下記は力学に関するものである。穴を埋めよ。

下図にある F_1 と F_2 の力がかかっている状態において，物体が静止している場合 2 つの力は（ ① ）といえる。

二つの力が（ ① ）状態であるとき次の 3 つの条件が成り立つ。

㋐　2 つの力の（ ② ）が同じ

㋑　2 つの力の（ ③ ）が正反対

㋒　（ ④ ）が同一線上にある

A3

①釣り合ってる　②大きさ　③向き　④作用点

Q4 ★★☆ □□□ □□□ □□□ 甲乙

下記は力学に関するものである。穴を埋めよ。

右図のようにナットをスパナで回す際に発生する物体を回転させる力を（ ① ）といい，記号は M で表し求める式は，次のようになる。

$$M = F \times l \ [N \cdot m]$$

A4

①モーメント

例題　柄の長さ60 cm のパイプレンチによって丸棒の中心から50 cm のところに20 N の力を加えた時のモーメントとして正しいものは次のうちどれか。

(1)　10 N・m

(2)　12 N・m

(3)　50 N・m

(4)　100 N・m

解答 （1）

解説 力のモーメントは M＝F × *l* 〔N・m〕により求められる。

これにより，20〔N〕×0.5〔m〕＝10〔N・m〕

単位を揃えることに注意する
柄の長さは関係ない

Q5 ★★☆ □□□ □□□ □□□ 　甲 乙

下記は力学に関するものである。次の問いに答えよ。

図のように，回転軸Oから2つの同じ向きの力F$_1$，F$_2$が棒の両端にかかっている場合，F$_3$はF$_1$+F$_2$となる。

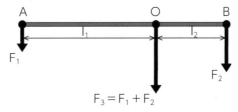

この時モーメントによる力の釣り合いとして，次の式が成り立つ。

O点を基準とする場合

$$F_1 \times l_1 = F_2 \times l_2$$

A点を基準とする場合

$$F_3 \times l_1 = F_2 \times (l_1 + l_2)$$

B点を基準とする場合

$$F_3 \times l_2 = F_1 \times (l_1 + l_2)$$

これをもとに次の問いを答えよ。

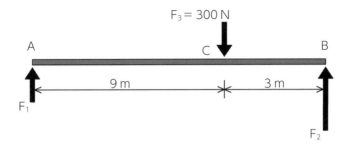

$F_3 = 300 \text{ N}$

A   C   B

9 m   3 m

F_1

F_2

棒の C 点に $F_3 = 300$ N がかかっているとき，水平状態を維持するために必要な F_1 及び F_2 の値を次から選べ。

	F_1	F_2
(1)	50 N	250 N
(2)	75 N	225 N
(3)	100 N	200 N
(4)	120 N	180 N

A 5

解答 (2)

解説 F_1 及び F_2 の値を求めるため A 点を基準とした場合，次の式に当てはめていく。

$$F_3 \times l_1 = F_2 \times (l_1 + l_2)$$
$$300 \text{ N} \times 9 \text{ m} = F_2 \times (9 \text{ m} + 3 \text{ m})$$
$$2700 \text{ N} = F_2 \times 12 \text{ m}$$
$$F_2 = 2700 \text{ N} \div 12 \text{ m}$$
$$F_2 = 225 \text{ (N/m)}$$

次に F_1 を求める。

$F_3 = F_1 + F_2$ であるため，
$$300 \text{ N} = F_1 + 225 \text{ N}$$
$$F_1 = 300 \text{ N} - 225 \text{ N}$$
$$F_1 = 75 \text{ N}$$

【別解】 F_1及びF_2の値を求めるためB点を基準とした場合，次の式に当てはめていく。

$$F_3 \times l_2 = F_1 \times (l_1 + l_2)$$
$$300\,\mathrm{N} \times 3\,\mathrm{m} = F_1 \times (9\,\mathrm{m} + 3\,\mathrm{m})$$
$$900\,\mathrm{N} = F_1 \times 12\,\mathrm{m}$$
$$F_1 = 900\,\mathrm{N} \div 12\,\mathrm{m}$$
$$F_1 = 75\ (\mathrm{N/m})$$

次にF_2を求める。

$F_3 = F_1 + F_2$　であるため，
$$300\,\mathrm{N} = 75\,\mathrm{N} + F_2$$
$$F_2 = 300\,\mathrm{N} - 75\,\mathrm{N}$$
$$F_2 = 225\,\mathrm{N}$$

Q 6 ★★☆ □□□ □□□ □□□ 　甲 乙

下記は力学に関するものである。穴を埋めよ。

物体が単位時間あたりに移動した距離を（ ① ）という。 t 秒後に S〔m〕移動する物体の(①)は次の式となる。

$$(①) = \frac{S}{t}\ \mathrm{[m/s]}$$

A 6

①速度

求めたい部分を隠すと，公式が分かる。

Q 7 ★★☆ □□□ □□□ □□□ 　甲 乙

下記は力学に関するものである。穴を埋めよ。

単位時間当たりの速度の変化量を（ ① ）という。物体の速度が t 秒後にv_0〔m/s〕からv_1〔m/s〕に変化した場合，（ ① ）は次の式となる。

$$(①) = \frac{v_1 - v_0}{t}\ \mathrm{[m/s^2]}$$

A 7

①加速度

求めたい部分を隠すと，公式が分かる。

Q 8 ★★☆ □□□ □□□ □□□ 　甲｜乙

下記は力学に関するものである。穴を埋めよ。

加速度が常に一定である物体の運動を（ ① ）といいます。

初速が v_0〔m/s〕，加速度 a〔m/s^2〕の（ ① ）の t 秒後の速度 v は，v_0＋ at〔m/s〕となる。

色面積が物体の運動に対する（ ③ ）を表している。面積形状は台形であるため，次の式となる。

台形面積＝（上底＋下底）× 高さ ÷ 2

これを右の図に置き換えた場合は次の式となる。

（ ③ ）＝$(v_0 + v_0 + at)$ × t ÷ 2

（ ③ ）＝$v_0 t + \dfrac{1}{2}at^2$〔m〕

初速が v_0〔m/s〕，加速度 a〔m/s^2〕の等価加速度運動の t 秒後の移動距離 h

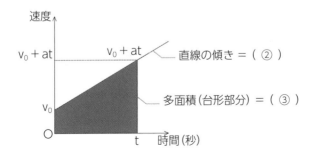

A 8

①等価加速度運動　②加速度　③移動距離

Q 9　★★☆　□□□　□□□　□□□　　甲 乙

下記は力学に関するものである。穴を埋めよ。

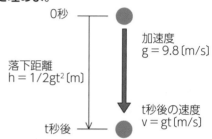

　手に持った物体を地面に落とす場合，重力によって物体は速度を増しながら落下していく。この時の加速度を（　①　）という。（　①　）の値は常に一定であり，g = 9.8〔m/s〕である。ただし空気抵抗は考えないものとする。

静止している物体が落下している t 秒後の落下速度

$$V = gt 〔m/s〕$$

静止している物体が落下している t 秒後の落下距離

$$h = \frac{1}{2}gt^2 〔m/s〕$$

A 9

①重力加速度

> **例題**　高さ44 m からボールを落とした場合，地面に到達するまでの時間として一番近いものはどれか。ただし空気抵抗は考えないものとする。
>
> (1)　2 秒
> (2)　3 秒
> (3)　4 秒
> (4)　5 秒

解答 （2）

解説 地面に到達するまでの時間 t は次の式により求める。

$$h = \frac{1}{2} gt^2 \text{ [m/s]}$$

h：44 m，g：9.8をそれぞれ代入する。

　　　　　重力加速度であり，数値は決まっている

$$44 = \frac{1}{2} \times 9.8 \times t^2$$

$$t^2 = 44 \times 2 \div 9.8$$

$$t = 2.99 \fallingdotseq 3秒$$

 9.8 は計算時，10 として考え
ると解きやすい

Q10 ★★☆ □□□ □□□ □□□ 　甲｜乙

下記は力学に関するものである。穴を埋めよ。

運動の法則とは下記の 3 つのことをいう。

「運動の第一の法則」

　物体は何らかの外的要因がない限り静止し続ける性質をもつ。つまり，静止している物体は静止し続け，動いている物体は動き続ける。このような現象を（ ① ）という。

「運動の第二の法則」

　物体に力が働くと（ ② ）が生じることで運動状態に変化が生じる。質量 m〔kg〕の物体に，加速度 α〔m/s²〕を生じる力を F とすると次のような式が成り立つ。

$$F = m\alpha \text{ [N]}$$

「運動の第三の法則」

　建物の外壁を人が押した場合，壁は動かず静止状態を保つ。これは人が押す力と同力が壁から生じていると考える。これを（ ③ ）の法則という。

　水平面にある静止状態の物体に力を加えると，物体は動き始める。しかし，「運動の第一の法則」によると動き続けることとなる。しかし，実際

力学 35

はある程度移動すると静止する。これは水平面と物体との間に動かす力と反対方向に（④）が働いているためである。

右図の箱を右に移動させるよう力を加えた時，力を μ N〔N〕まで上げると動き出す。この値を（⑤）という。

（⑤）：$F = \mu N$〔N〕 μ：摩擦係数

F〔N〕

μ N〔N〕

水平面に垂直にかかる力N〔N〕

A10
①慣性 ②加速度 ③作用・反作用 ④摩擦力 ⑤最大摩擦力

摩擦係数は水平面がザラザラしてると大きくなり，ツルツルしてると小さくなる。

例題 重量50 N の物体に，15 N の力が加わると移動し始めた。この時，物体の摩擦係数として正しいのはどれか。

(1) 0.2
(2) 0.3
(3) 0.4
(4) 0.5

解答 （2）
解説 最大摩擦力が15 N なので，$F = \mu N$〔N〕により，

$$15 = \mu \times 50$$
$$\mu = 15/50$$
$$\mu = 0.3$$

Q11 ★★☆ □□□ □□□ □□□ 　甲 乙

下記は力学に関するものである。穴を埋めよ。

物体に力を加えて，その物体を動かすことを（ ① ）という。また，加え
た力を F〔N〕，動かした距離を S〔m〕とすると，これらの積を（ ② ）と
いう。

（ ② ）= FS〔J〕又は〔N・m〕

単位時間当たりの（ ② ）を（ ③ ）という。t 秒間の（ ② ）である
（ ③ ）は次のように表せる。

$$（ ③ ）= \frac{（ ② ）}{t} \quad 〔W〕 又は〔J/s〕$$

A11

①仕事　②仕事量　③動力（仕事率）

求めたい部分を隠すと，公式が分かる。

例題　**重量52 N の物体を，4秒間に 3 m 引き上げるのに必要な動力
として，正しいものはどれか。**

(1)　39 W　(2)　43 W
(3)　69 W　(4)　78 W

解答　(1)
解説　$P = \dfrac{W}{t} = \dfrac{FS}{t} = \dfrac{52 \times 3}{4} = 39$ 〔W〕

滑車には，天井に固定されている（ ① ）と，糸を引くと移動する（ ② ）がある。

（ ① ）を使うと，糸を引く下向きの力で，物体を上に持ち上げることができる。重量 W〔N〕の物体を持ち上げるには W〔N〕の力が必要である。

動滑車は，右図のように定滑車と組み合わせて使う。動滑車の場合は，1 個の物体を 2 本の糸で支えるため，1 本にかかる重量 W〔N〕の1/2で済む。

複数の動滑車を組み合わせると，引く力をさらに小さくすることが出来る。

引く力は，動滑車を 1 個増やすごとに半分になる。動滑車の数をnとし，重量 W〔N〕の物体を引く力 F〔N〕は，次のように表せる。

$$F = \frac{W}{2^n} \text{〔N〕}$$

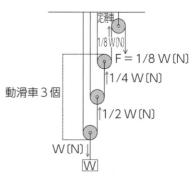

A12

①定滑車　②動滑車

滑車の問題はよく出題されます。

例題 右図のような滑車で，重量1600〔N〕の物体を持ち上げるのに必要な力Fの値として，正しいものは次のうちどれか。

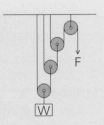

(1)　100 N

(2)　150 N

(3)　200 N

(4)　250 N

解答　(3)

解説　3個の動滑車があるため，$F = W/2^n$より，

$$F = \frac{1600}{2^3} = 200 \ 〔N〕$$

材料

Q1 ★★☆ □□□ □□□ □□□ 甲乙

下記は材料に関するものである。穴を埋めよ。

一般的な金属の性質は次の通りである。

・常温（冷間）状態で固体である。

・電気，熱の良導体である。

・金属光沢という特有の光沢を持つ。

・液化状態でも良導体と光沢性は維持される。

・展性，塑性（延性）に富む。

・（ ① ）性がある（高温で溶け，成形できる）。

・（ ② ）性がある（熱して叩いて成形できる）。

単体の金属とは違い，他の元素と混ぜたものを合金という。

一般的に合金の性質は次の通りである。

・成分金属より硬くなり，強さが増す。

・成分金属より鋳造しやすくなる（（ ① ）が（ ③ ）する）。

・成分金属より鍛造しにくくなる（（ ② ）が（ ④ ）する）。

・耐食性が（ ⑤ ）する。

・融点が（ ⑥ ）する。

・電気を通しにくくなる。

A1

①可鋳性　②可鍛性　③増加　④減少　⑤増大　⑥低下

Q2 ★★☆ □□□ □□□ □□□ 甲乙

下記は材料に関するものである。次の問いに答えよ。

次の金属を比重の重い順に並べよ。

・金　　・銀　　・銅　・鉄　　・鉛　　・白金　　　・水銀

・ニッケル　　・アルミニウム　　・マグネシウム

A2

金属の種類	比重
白金	21.45
金	19.32
水銀	13.55
鉛	11.34
銀	10.49
銅	8.92
ニッケル	8.91
鉄	7.87
アルミニウム	2.7
マグネシウム	1.74

Q3 ★★☆ □□□ □□□ □□□ 甲 乙

下記は材料に関するものである。穴を埋めよ。

合金の種類とそれを生成する金属元素は以下の通りである。

- （①）：鉄＋炭素
- （②）：鉄＋ニッケル＋クロム
- （③）：銅＋亜鉛
- （④）：銅＋すず
- （⑤）：銅＋アルミニウム＋マグネシウム＋マンガン
- （⑥）：鉛＋すず＋その他
- （⑦）：ニッケル＋クロム

A3

①鉄鋼　②ステンレス　③黄銅（真鍮）　④青銅　⑤ジュラルミン
⑥はんだ　⑦ニクロム

Q4 ★★★ □□□ □□□ □□□ 甲 乙

下記は材料に関するものである。穴を埋めよ。

金属を加熱・冷却することによって，その性質を変化させることを熱処理
という。熱処理には次のような種類がある。

1　（①）：高温加熱し，冷却して，硬く，強くする。

2　（②）：（①）したものを，150〜600℃に再加熱し，徐々に冷却し
　　　　　て，粘りを与え強くする。

3 （③）：高温加熱し，一定時間保ってからきわめて徐々に冷却し，残留応力を除去し安定した組織として加工を容易にする。

4 （④）：（③）の一種で，加熱後冷却し，残留応力を除去して組織を均一化する方法である。

A4

①焼入れ　②焼戻し　③焼なまし　④焼ならし

Q5 ★★☆ □□□ □□□ □□□ 　甲乙

下記は材料に関するものである。穴を埋めよ。

　物体に外部から作用する力を荷重という。荷重は，力の加わり方によって色々な分類ができる。

（①）…材料を引き延ばすように働く荷重のこと

（②）…材料を押し縮めるように働く荷重のこと

（③）…材料をハサミで切るように働く荷重のこと

（④）…材料を曲げるように働く荷重のこと

（⑤）…向きと大きさの変わらない荷重

（⑤）┬集中荷重…力が一点に集中している荷重
　　　└分布荷重…力が物体の表面に分散している荷重

（⑥）…荷重の向きや大きさが変わる荷重

（⑥）┬繰返し荷重…向きは同じだが，大きさが時間によってかわる荷重
　　　├交番荷重　…向きと大きさが時間によってかわる荷重
　　　└衝撃荷重　…運動状態が急激にかわったときなどに短時間に加わる荷重

材料に荷重がかかると，内部から抵抗する力が内部にかかる。それを応力といい，色付きの矢印により力の大きさで表す。その荷重の加わり方によって，物体には性質の違う様々な変形が起こる。応力がなければ材料は荷重に耐えることが出来ずに破壊する。単位は〔MPa〕である。

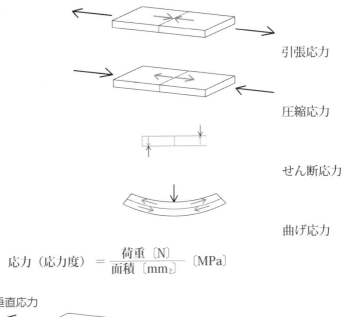

引張応力

圧縮応力

せん断応力

曲げ応力

$$応力（応力度）＝\frac{荷重〔N〕}{面積〔mm_2〕}〔MPa〕$$

垂直応力

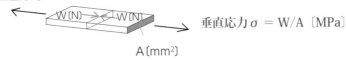

垂直応力 σ = W/A 〔MPa〕

A〔mm²〕

せん断応力

せん断応力 τ = W/A 〔MPa〕

A 5
①引張荷重　②圧縮荷重　③せん断荷重　④曲げ荷重　⑤静荷重
⑥動荷重　⑦応力

> **例題** 断面積32 mm²の丸棒に，800 N の圧縮荷重を加えた時の応力
> として，正しいものは次のうちどれか。
>
> (1) 12.5 MPa
> (2) 20.0 MPa
> (3) 25.0 MPa
> (4) 40.0 MPa
>
> **解答** (3)
> **解説** 垂直応力 σ = W/A より，
> σ = 800/32 = 25〔MPa〕

Q6 ★★☆ □□□ □□□ □□□ 　甲 乙

下記は材料に関するものである。穴を埋めよ。

物体の変形の度合いを（ ① ）という。元の長さ
「l」が変化し「l_1」となった場合，（ ① ）の式は次と
なる。

$$（ ① ） = \frac{(l_1 - l)}{l}$$

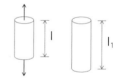

A6

①ひずみ

Q7 ★★★ □□□ □□□ □□□ 　甲 乙

下記は材料に関するものである。穴を埋めよ。

金属材料の試験片に引張荷重を加え，徐々に力を大きくしていく。すると，試験片が伸びていき最後は破断する。この時の荷重（応力）と伸び（ひずみ）の関係を次のグラフとする。

グラフにおけるA点〜F点の名称・意味を次に示す。

A点：（ ① ）

O〜A点までは，加えた荷重の大きさに比例しひずみも大きくなる。これをフックの法則という。A点を超えると比例しなくなる。

B点：（②）

O～B点までは，荷重を加えても取り除けば元に戻る。B点を超えると，元の形には戻らない。

C点：（③）

C点を超えると急に抵抗力を失い，荷重を取り除いても伸びていく。

D点：（④）

D点を超えると抵抗力を取り戻す。

E点：（⑤）

E点は材料が荷重に耐えれる限界である。

F点：（⑥）

E点を超えると材料は伸びていき，最後はF点で破断される。

荷重 応力 — 伸び（ひずみ） — 0

A7

①比例限度　②弾性限度　③上部降伏点　④下部降伏点

⑤引張強さ（極限強さ）　⑥破断点

Q8 ★★☆ □□□ □□□ □□□　甲 乙

下記は材料に関するものである。穴を埋めよ。

部材に対する材料を計画する際，材料に設定する応力の最大値を（①）という。

材料は，外部からの力によって変形した場合でも元の形に戻る力の範囲で使用しなければならない。つまり，前問における**弾性限度の範囲で使用**しなければならない。

（①）が材料の極限強さに対して，どのくらいの割合かを表すものを「（②）」という。これが大きいほど強度に余裕を持った設計といえる。

$$（②）= \frac{\text{引張強さ（極限強さ）}}{（①）}$$

A8

①許容応力　②安全率

2 　電気の基礎的知識

要点まとめ（公式）

■オームの法則

$V = IR$ 〔V〕　　$I = V/R$ 〔A〕

$R = V/I$ 〔Ω〕

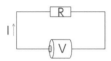

■電力

$P = VI$ 〔W〕　→　$P = RI^2$ 〔W〕

→　$P = V^2/R$ 〔W〕

P：（①）〔W〕　　V：電圧〔V〕

I：電流〔A〕　　R：抵抗〔Ω〕

■合成抵抗：直列

$R = R_1 + R_2 + R_3$

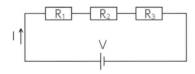

■合成抵抗：並列

$$R = \cfrac{1}{\dfrac{1}{R_1} + \dfrac{1}{R_2} + \dfrac{1}{R_3}}$$

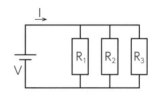

■合成抵抗：和分の積

$$R = \frac{R_1 R_2}{R_1 + R_2}$$

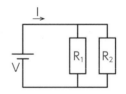

■キルヒホッフの第１法則

回路上のa点に流れ込んだ電流の総和と
流れる電流の総和に等しい

$I_1 = I_2 + I_3$

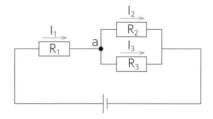

■キルヒホッフの第2法則

任意の閉回路において、起電力の和は
電圧降下の和に等しい

$$V_1 = V_2 + V_3$$

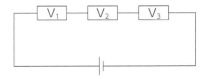

■ブリッジ回路の平衡条件

$$R_1 R_4 = R_2 R_3$$

■合成静電容量：並列

$$C = C_1 + C_2 + C_3$$

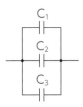

■合成静電容量：直列

$$C = \cfrac{1}{\cfrac{1}{C_1} + \cfrac{1}{C_2} + \cfrac{1}{C_3}}$$

■合成静電容量：和分の積

$$C = \frac{C_1 C_2}{C_1 + C_2}$$

■合成インピーダンス

$$Z = \sqrt{R^2 + (X_L - X_O)}$$

交流電源

■交流回路の電力

$$P = V I \cos\theta$$

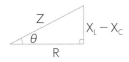

■電圧計・電流計

電圧計：並列

倍率器：$R = (n-1)r$ 〔Ω〕

倍率器：電圧計に直列接続

電流計：直列

分流器：$R = r/(n-1)$ 〔Ω〕

分流器：電流計に並列接続

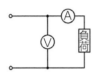

■指示電気計器

	種類	記号
直流用	可動コイル形	
交流用	整流形	
	誘導形	
交直流用	熱電形	
	可動鉄片形	
	電流力計形	
	静電型	

■鉛蓄電池

正極：二酸化鉛　　負極：鉛　　電解液：希硫酸

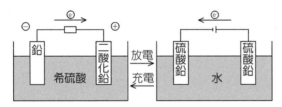

■導電率

導電率

銀	銅	金	アルミニウム	鉄

高←――――――――――――→低

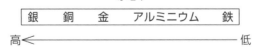

■耐熱クラス

許容最高温度

H	F	B	E	A	Y

高←――――――――――――→低

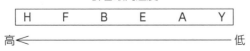

48

■物質の抵抗

抵抗

$$R = \rho \frac{L}{A} \ \text{(}\Omega\text{)}$$

抵抗（電線等，断面が円形の場合）

$$R = \rho \frac{L}{\pi r^2} \ \text{(}\Omega\text{)}$$

R：抵抗〔Ω〕　　A：断面積〔m²〕　　L：長さ〔m〕　　π：円周率　　r：円の半径〔m〕

断面積：A〔m²〕

長さ：L〔m〕

■変圧比・変流比

変圧比 $= \dfrac{V_1}{V_2} = \dfrac{N_1}{N_2}$ （電圧は巻数に比例）

変流比 $= \dfrac{I_1}{I_2} = \dfrac{N_2}{N_1}$ （電流は巻数に反比例）

$$\frac{V_1}{V_2} = \frac{I_2}{I_1} \ \blacktriangleright \ V_1 I_1 = V_2 I_2$$

電気

Q1 ★★★ □□□ □□□ □□□ 甲乙

下記は電気の基礎知識に関するものである。穴を埋めよ。

電池と電球を電線でつないだ場合，電線の中を流れるものを（ ① ）という。

（ ① ）を流すために必要な圧力を（ ② ）という。

（ ① ）の流れを妨げるものを（ ③ ）という。

A1

①電流　②電圧　③抵抗

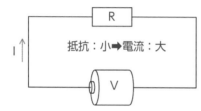

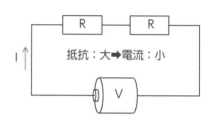

Ⅰ：電流
Ⅴ：電圧
Ｒ：抵抗

Q2 ★★★ □□□ □□□ □□□ 甲乙

下記は電気の基礎知識に関するものである。穴を埋めよ。

電圧は電流に比例し，抵抗に反比例する。この法則を（ ① ）という。

公式は次の通りである。

$$V = IR \,[V] \quad \underset{変換}{\rightarrow} \quad I = V/R \,[A] \quad \underset{変換}{\rightarrow} \quad R = V/I \,[\Omega]$$

 求めたい部分を隠すと計算式がわかる。

A 2
①オームの法則

Q 3　★★★　□□□　□□□　□□□　甲乙

下記は電気の基礎知識に関するものである。次の問いに答えよ。

図のような回路において，電源電圧2.0〔V〕である時，0.4〔A〕の電流が流れた。抵抗Rとして正しい値は次のうちどれか答えよ。

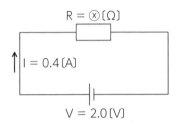

R = ⓧ〔Ω〕

I = 0.4〔A〕

V = 2.0〔V〕

(1)　0.5
(2)　1.5
(3)　2.4
(4)　5.0

A 3
(4)

解説　V = IR により，2.0 = 0.4×ⓧ

ⓧ = 2.0/0.4

ⓧ = 5〔Ω〕

Q 4　★★★　□□□　□□□　□□□　甲乙

下記は電気の基礎知識に関するものである。穴を埋めよ。

電気がもつ単位時間当たりのエネルギーを（①）という。単位は（②）である。

$$P = VI 〔W〕 \quad \xrightarrow{変換} \quad P = RI^2 〔W〕 \quad \xrightarrow{変換} \quad P = V^2/R 〔W〕$$

P：（①）〔W〕　　V：電圧〔V〕　I：電流〔A〕　　R：抵抗〔Ω〕

A 4
①電力　②ワット〔W〕

Q5 ★★☆ □□□ □□□ □□□ 甲乙

下記は電気の基礎知識に関するものである。穴を埋めよ。

電気をどのくらい消費したのか表したものを（ ① ） という。単位は
（ ② ）・（ ③ ）・（ ④ ）が使われる。

A5

①電力量　②ジュール〔J〕　③ワット秒〔W・s〕　④ワット時〔W・h〕

電力量〔W・s〕＝ 電力〔W〕×秒〔s〕

電力量〔W・h〕＝ 電力〔W〕×時間〔h〕

例題　図のような回路において，2Ωの抵抗で消費される電力とし
て正しいものは次のうちどれか。

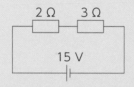

(1)　6 W

(2)　12 W

(3)　18 W

(4)　24 W

解答　(3)

解説　回路全体の合成抵抗は，直列回路であるため

2＋3＝5 Ω

回路に流れる電流は，オームの法則「I＝V/R」により，

I＝15/5＝3 A

2 Ωの抵抗に3 Aが流れるため，「P＝I²R」により，

P＝3²×2＝18 W

例題 図における抵抗 R の消費電力として正しいものは次のうちどれか。

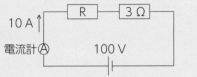

10 A↑

電流計Ⓐ   100 V

R   3 Ω

(1)   500 W
(2)   600 W
(3)   700 W
(4)   800 W

2

電気の基礎的知識

解答 （3）

解説 はじめに，この回路全体でオームの法則を考えてみると回路全体の合成抵抗は次の通りである。

回路全体の合成抵抗 R = 100 V/10 A = 10 Ω

抵抗 R = 10 Ω − 3Ω = 7 Ω

抵抗 R における消費電力 P において，抵抗と電流の 2 つの値で求める場合は次の通りである。

$P = I^2R$

$P = 10^2 \times 7 = 700$ W

Q 6 ★★★ □□□ □□□ □□□ 　甲 乙

下記は電気の基礎知識に関するものである。穴を埋めよ。

一つの回路で複数の抵抗を合わせたものを（ ① ）という。抵抗の連ね方には 2 種類あり，直列と並列がある。

【直列】

右図のように直列につなぐ場合，抵抗が増えるほど抵抗値は（ ② ）なる。

公式は（ ③ ）〔Ω〕となる。

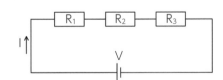

【並列】

右図のように並列につなぐ場合，抵抗が増えるほど抵抗値は（ ④ ）なる。

公式は（ ⑤ ）〔Ω〕となる。

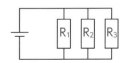

【並列（２つのみ）】

右図のように２つのみ抵抗を並列につなぐ場合，和分の積により求めることが出来る。

公式は（ ⑥ ）〔Ω〕となる。

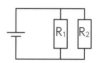

A 6

①合成抵抗　②大きく　③ $R = R_1 + R_2 + R_3$　④：小さく

⑤$R = \dfrac{1}{\dfrac{1}{R_1} + \dfrac{1}{R_2} + \dfrac{1}{R_3}}$　⑥$R = \dfrac{R_1 R_2}{R_1 + R_2}$

例題　図の回路において，合成抵抗の値のうち正しいものはどれか答えよ。

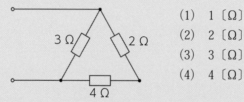

(1)　1 〔Ω〕

(2)　2 〔Ω〕

(3)　3 〔Ω〕

(4)　4 〔Ω〕

解答　（2）

解説　下図のように変換して考える。

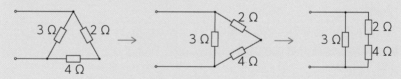

この時，２Ωと４Ωは直列と考えるため，2＋4＝6Ωとして考える。これにより，３Ωと６Ωとして和分の積の公式を使う。

$$\frac{3 \times 6}{3 + 6} = \frac{18}{9} = 2 \;〔Ω〕$$

Q7 ★★★ □□□ □□□ □□□ 甲 乙

下記は電気の基礎知識に関するものである。穴を埋めよ。

「合成抵抗」と違い，「電流」と「電圧」における回路全体の計算式は少し複雑である。

2

電気の基礎的知識

【電圧】

電圧の値は，（ ① ）回路の場合分配される。（ ② ）回路の場合はどの部分でも同じ値となる。

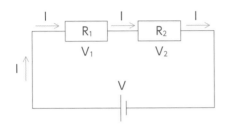

【公式】

$$V_1 = R_1 I = \frac{R_1}{R_1 + R_2} \times V \ \text{〔V〕}$$

$$V_2 = R_2 I = \frac{R_2}{R_1 + R_2} \times V \ \text{〔V〕}$$

$$V = V_1 + V_2 \ \text{〔V〕}$$

【電流】

電流の値は，（ ③ ）回路の場合分配される。（ ④ ）回路の場合はどの部分でも同じ値となる。

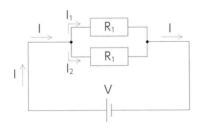

【公式】

$$I_1 = \frac{R_1}{R_1 + R_2} \times I \ \text{〔A〕}$$

$$I_2 = \frac{R_2}{R_1 + R_2} \times I \ \text{〔A〕}$$

$$I = I_1 + I_2 \ \text{〔A〕}$$

A7

①直列　②並列　③並列　④直列

下記は電気の基礎知識に関するものである。穴を埋めよ。

回路上の a 点に流れ込んだ電流の総和（I_1）と流れる電流の総和（$I_2 + I_3$）は等しいという法則を（①）という。

　　　「$I_1 = I_2 + I_3$」

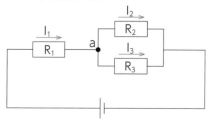

任意の閉回路において，起電力の和（V）は電圧降下の和（$V_1 + V_2 + V_3$）に等しいという法則を（②）という。

　　　「$V = V_1 + V_2 + V_3$」

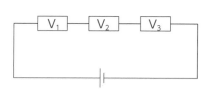

A8

①キルヒホッフの第1法則　②キルヒホッフの第2法則

例題 図において直流回路の抵抗 R_1，R_2，R_3にそれぞれかかる電圧の値として正しいものは次のうちどれか。

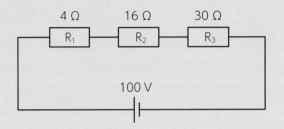

	R_1	R_2	R_3
(1)	100 V	100 V	100 V
(2)	4 V	16 V	30 V
(3)	8 V	32 V	60 V
(4)	16 V	64 V	120 V

解答 (3)

解説 直列接続では各抵抗にかかる電圧の値は異なり，電源電圧（回路全体）の値 V は，各抵抗でかかる電圧の和に等しい。

まず，合成抵抗を求める。　$4\,\Omega + 16\,\Omega + 30\,\Omega = 50\,\Omega$

直列接続での電流においては，回路全体で等しいので，オームの法則「$I = V/R$」により求めることが出来る。

　　電流 $I = 100\,V/50\,\Omega = 2\,A$

これにより，2 A の電流が各抵抗に流れる。

最後に各抵抗ごとの電圧を求めるため，オームの法則「$V = IR$」を使う。

　　抵抗 R_1にかかる電圧 $V_1 = 2\,A \times 4\,\Omega = 8\,V$

　　抵抗 R_2にかかる電圧 $V_2 = 2\,A \times 16\,\Omega = 32\,V$

　　抵抗 R_3にかかる電圧 $V_3 = 2\,A \times 30\,\Omega = 60\,V$

例題 図の直流回路における合成抵抗の値及び回路全体に流れる電流の値の組み合わせとして，正しいものは次のうちどれか。

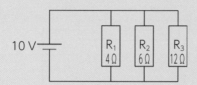

	合成抵抗	電流
(1)	2 Ω	5 A
(2)	3 Ω	6 A
(3)	4 Ω	7 A
(4)	5 Ω	8 A

解答 (1)

解説 抵抗を並列に接続した回路の公式は次のとおりである。

$$R = \frac{1}{\dfrac{1}{R_1} + \dfrac{1}{R_2} + \dfrac{1}{R_3}} \ [\Omega]$$

これに代入すると，

$$\frac{1}{\dfrac{1}{4} + \dfrac{1}{6} + \dfrac{1}{12}} = \frac{1}{\dfrac{3}{12} + \dfrac{2}{12} + \dfrac{1}{12}} = \frac{1}{\dfrac{6}{12}} = \frac{12}{6} = 2 \ [\Omega]$$

合成抵抗 R = 2 Ω

次に回路全体に流れる電流値 I は回路全体のオームの法則「I = V/R」により，

$$電流値 I = \frac{電源電圧 \ V}{合成抵抗 \ R} = \frac{10 \ V}{2 \ \Omega} = 5 \ A$$

例題 図の直流回路における回路全体の合成抵抗 R 及び抵抗 R₁に流れる電流 I₁の値の組み合わせとして正しいものは次のうちどれか。

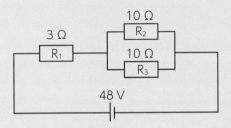

	合成抵抗	電流
(1)	2 Ω	4 A
(2)	4 Ω	6 A
(3)	8 Ω	6 A
(4)	8 Ω	10 A

解答 (3)

解説 抵抗を並列に接続した回路の抵抗（R_2, R_3）の合計は「和分の積」で求め，その後 R_1 と足し算する。

合成抵抗 $R = \dfrac{R_2 R_3}{R_2 + R_3} + R_1$

$R = \dfrac{10 \times 10}{10 + 10} + 3 = \dfrac{100}{20} + 3 = 5 + 3 = 8$

合成抵抗 R ＝8 Ω

次に電流 I を求める。抵抗 R_1 部分の電圧は分岐していないため，回路全体の値となる。

電流 $I = \dfrac{48\,V}{8\,\Omega} = 6\,A$

例題 図の直流回路の抵抗 R_2，R_3それぞれの電流値 I_2，I_3の組み合わせとして正しいものは次のうちどれか。

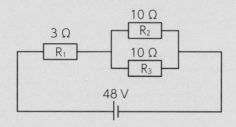

	I_2	I_3
(1)	1 A	5 A
(2)	2 A	4 A
(3)	3 A	3 A
(4)	4 A	2 A

解答 （3）

解説 抵抗 R_2，R_3は並列接続であるため，電圧の大きさは同じである。

$$V = V_1 + V_2 （又は V_3） \cdots ①$$

抵抗 R_1はオームの法則「$V = IR$」により，電圧 $V_1 = 6 A \times 3 Ω = 18$ V。これを①に代入すると，

$$48 = 18 + V_2 （又は V_3）$$
$$V_2 = V_3 = 48 - 18$$

抵抗 R_2に流れる電流 $I_2 = 30 V/10 Ω = 3 A$
抵抗 R_3に流れる電流 $I_3 = 30 V/10 Ω = 3 A$

I_2 及び I_3 は並列接続であるため，
$I_1 = I_2 + I_3$ である。

Q 9 ★★☆ □□□ □□□ □□□ 　甲乙

下記は電気の基礎知識に関するものである。穴を埋めよ。

　次の図のように並列回路の中間部分に橋を架けたような回路を（ ① ）回路という。

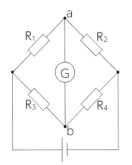

このような場合，「$R_1R_4 = R_2R_3$」の式が成り立つ。
この式が成り立つ状態を（ ② ）条件という。
また ab 間には電流が（ ③ ）。

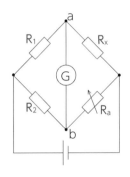

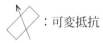：検流計　　　　　：可変抵抗

R_1及び R_2は既存抵抗であり，値が変わらない
Ra は可変抵抗により，数値が変わる
Rx を（ ② ）条件の式により，求めることが出来る。

　　　$R_1Ra = R_2Rx$

この原理により，Rx の抵抗値を測定する回路を（ ④ ）という。

A 9

①ブリッジ　②ブリッジの平衡　③流れない　④ホイートストンブリッジ

例題 次の図の Rx の値として正しいものは次のうちどれか。ただし, Ra は可変抵抗であり, 値は 5 Ω とする。

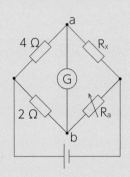

(1) 2 Ω
(2) 5 Ω
(3) 7.5 Ω
(4) 10 Ω

解答 (4)

解説 ブリッジの平衡条件により,

4 Ω × 5 Ω = 2 Ω × Rx

20 Ω = 2 Ω × Rx

Rx = 20 Ω / 2 Ω

Rx = 10 Ω

Q10 ★★☆ □□□ □□□ □□□ 甲 乙

下記は電気の基礎知識に関するものである。穴を埋めよ。

平行板を合わせて電気を蓄えるための蓄電池を（ ① ）という。これを蓄えることのできる電気容量を（ ② ）という。この単位は（ ③ ）又は（ ④ ）が使われる。

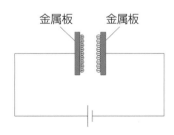

金属板　　　金属板

A10

①平行板コンデンサ　②静電容量　③ファラド〔F〕
④マイクロファラド〔μF〕

Q11 ★★☆ □□□ □□□ □□□ 　甲|乙

下記は電気の基礎知識に関するものである。穴を埋めよ。

コンデンサの合成静電容量は合成抵抗の計算式と（　①　）である。

【直列】

右図のように直列につなぐ場合，コンデンサが増え
るほど静電容量は（　②　）なる。
公式は（　③　）〔Ω〕となる。

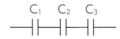

【並列】

右図のように並列につなぐ場合，コンデンサが増え
るほど静電容量は（　④　）なる。
公式は（　⑤　）〔Ω〕となる。

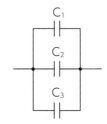

【並列（2つのみ）】

右図のように2つのみコンデンサを並列につなぐ場
合，和分の積により求めることが出来る。
公式は（　⑥　）〔Ω〕となる。

A11

①正反対　②小さく　③$C = \dfrac{1}{\dfrac{1}{C_1} + \dfrac{1}{C_2} + \dfrac{1}{C_3}}$　④大きく

⑤$C = C_1 + C_2 + C_3$　⑥$C = \dfrac{C_1 C_2}{C_1 + C_2}$

例題 3 μF と6 μF を直列につないだ回路における静電容量の値として正しいものは次のうちどれか。

3μF 6μF
—| |—| |—

(1) 1 μF
(2) 2 μF
(3) 3 μF
(4) 4 μF

解答 （2）

解説 和分の積：$C = \dfrac{C_1 C_2}{C_1 + C_2}$ を使う。 $C = \dfrac{3 \times 6}{3 + 6} = \dfrac{18}{9} = 2 \ [\mu F]$

例題 静電容量がそれぞれ 8 μF，12 μF，24 μF の3個のコンデンサを直列接続したときの合成静電容量と並列接続したときの合成静電容量の組み合わせとして正しいものは次のうちどれか。

	直列接続	並列接続
(1)	0.4 μF	44 μF
(2)	4 μF	44 μF
(3)	44 μF	0.4 μF
(4)	44 μF	4 μF

解答 （2）

解説 直列接続したときの合成静電容量は次の通りである。

$$C = \frac{1}{\dfrac{1}{C_1} + \dfrac{1}{C_2} + \dfrac{1}{C_3}} = \frac{1}{\dfrac{1}{8} + \dfrac{1}{12} + \dfrac{1}{24}} = \frac{1}{\dfrac{3}{24} + \dfrac{2}{24} + \dfrac{1}{24}} = \frac{1}{\dfrac{6}{24}} = \frac{1}{\dfrac{1}{4}} = 4 \ \mu F$$

並列接続したときの合成静電容量は次の通りである。

$$C = 8 \ \mu F + 12 \ \mu F + 24 \ \mu F = 44 \ \mu F$$

Q12 ★★☆ □□□ □□□ □□□ 　甲 乙

下記は電気の基礎知識に関するものである。穴を埋めよ。

導線に電気を流すと，その導線の周りに（ ① ）が発生する。

電流の流れる方向と磁力線の方向の関係性を（ ② ）の法則という。

A12

①磁力線　②右ねじ

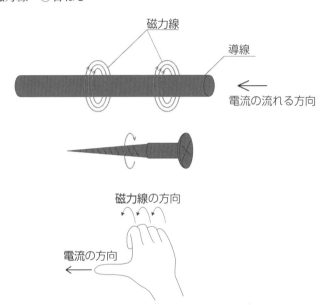

Q13 ★★☆ □□□ □□□ □□□ 　甲 乙

下記は電気の基礎知識に関するものである。穴を埋めよ。

電流の方向・磁界の方向・力の方向の関係性を左手で表したものを
（ ① ）の法則という。

左手のうち，親指が（ ② ）の方向，人差し指が（ ③ ）の方向，中指が
（ ④ ）の方向を示す。

A13

①フレミングの左手　②力　③磁界　④電流

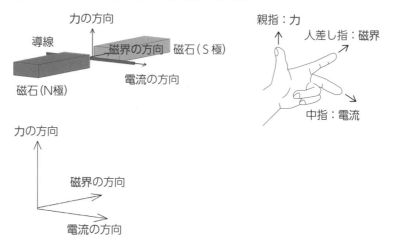

Q14 ★★☆ □□□ □□□ □□□ 　甲 乙

下記は電気の基礎知識に関するものである。穴を埋めよ。

コイルに磁石を出し入れすると，コイルに電流が流れる。これを電磁誘導という。電磁誘導は，コイルを通る磁束の変化によってコイルに起電力が誘起される。

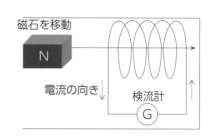

電流の方向，磁界の方向，導体が動いた方向の関係性を右手で表したものを（①）の法則という。

右手のうち，親指が（②）の方向，人差し指が（③）の方向，中指が（④）方向を示す。

・磁石を矢印の方向に動かすとコイルに電流が流れ，（⑤）。
・誘導起電力の大きさは，コイルを通る磁束の単位時間当たりの変化量に（⑥）する。

A14

①フレミングの右手　②運動（導体が動いた）　③磁界　④電流（起電力）
⑤検流計の針が振れる　⑥比例

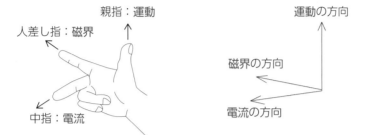

親指：運動
人差し指：磁界
中指：電流

運動の方向
磁界の方向
電流の方向

Q15 ★★☆ □□□ □□□ □□□ 　甲乙

下記は電気の基礎知識に関するものである。穴を埋めよ。

（①）：電流・電圧の大きさと向きが時間とともに周期的に変わる。略称
「AC」

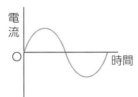

電流
○
時間

（②）：電流・電圧の大きさは時間によって変わるが，流れる方向（正
負）は変わらない。略称「DC」

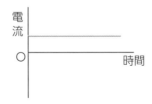

電流
○
時間

A15

①交流　②直流

下記は電気の基礎知識に関するものである。穴を埋めよ。

交流波形の1回の周期を1周期とする。

1秒間に周期を繰り返す回数を（ ① ）という。式は（ ② ）である。

A16

①周波数　②周波数 f = 1/t〔Hz〕　　t：1周期

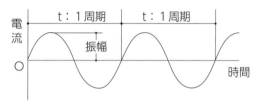

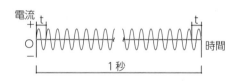

周波数 f = 1/t〔Hz〕　　t：1周期

下記は電気の基礎知識に関するものである。穴を埋めよ。

交流の場合の電圧・電流の値は常に変化しており，その時々の値を「（ ① ）」という。交流波形における最大の値を「（ ② ）」という。しかし，実際は「（ ② ）」の値で利用することは出来ない。交流が実際に働く数値を「（ ③ ）」という。

A17

①瞬間値　②最大値　③実効値

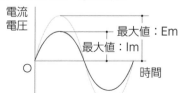

実効値：E = Em/√2
実効値：I = Im/√2

電流及び電圧における実効値の求め方を覚えておく

Q18 ★★☆ □□□ □□□ □□□ 甲 乙

下記は電気の基礎知識に関するものである。穴を埋めよ。

円運動の回転速度を，単位時間当たりに回転する角度を（ ① ）という。単位は「rad（ラジアン）/秒」を使う。

度	ラジアン
30°	（ ② ）
45°	（ ③ ）
60°	（ ④ ）
90°	（ ⑤ ）
180°	（ ⑥ ）
360°	（ ⑦ ）

ラジアンは角度の単位のことである。

半径 r の円で，半径と等しい長さの円弧を描いた時の中心角の角度を1ラジアンとする。

A18

①角速度 ②$\pi/6$ ③$\pi/4$ ④$\pi/3$ ⑤$\pi/2$ ⑥π ⑦$2\pi$

Q19 ★★☆ □□□ □□□ □□□ 甲 乙

下記は電気の基礎知識に関するものである。穴を埋めよ。

周波数が同じ正弦波でも，図のように波形の位置が前後することがある。このズレを（ ① ）という。

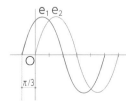

$e_1 = 0$〔rad〕の時，$e_2 = \pi/3$〔rad〕である。これは

「e_1は e_2より $\pi/3$〔rad〕位相が進んでいる」という。

又は

「e_2は e_1より $\pi/3$〔rad〕位相が遅れている」という。

Q20 ★★☆ □□□ □□□ □□□ 　甲 乙

下記は電気の基礎知識に関するものである。穴を埋めよ。

交流回路において，電流の流れを妨げるものは抵抗だけではなく，コイル，コンデンサもある。

コイルによる抵抗を（ ① ）という。式は次の通りである。

$$XL = 2\pi fL \ [\Omega]$$

XL：（ ① ）　f：周波数〔Hz〕　L：インダクタンス（コイルがもつ固有の定数）

コイルを使用した場合，下図のように電流の位相が電圧より90°（$\pi/2$〔rad〕）遅れます。

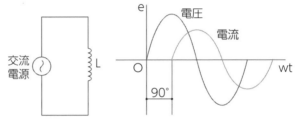

コンデンサによる抵抗を（ ② ）という。

$$Xc = 1/2\pi fC \ [\Omega]$$

Xc：（ ② ）　f：周波数〔Hz〕　C：静電容量（コンデンサがもつ固有の定数）

コンデンサを使用した場合，下図のように電流の位相が電圧より90°（$\pi/2$〔rad〕）進みます。

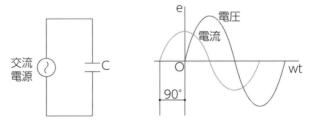

A20

①誘導リアクタンス　②容量リアクタンス

下記は電気の基礎知識に関するものである。穴を埋めよ。

　抵抗・コイル・コンデンサを直列接続した場合の合成抵抗の計算式は次とする。

$$Z = \sqrt{R^2 + (X_L - X_C)^2}\ [\Omega]$$

　Z　：（ ① ）〔Ω〕
　R　：抵抗〔Ω〕
　X_L：誘導リアクタンス〔Ω〕
　X_C：容量リアクタンス〔Ω〕

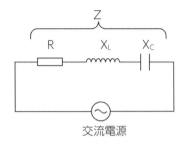

交流電源

　抵抗・コイル・コンデンサをまとめて（ ① ）という。交流回路における実効値電圧・実効値電流・（ ① ）には「オームの法則」が成り立つ。公式は下記の通りである。

$$E = IZ\ [V] \quad 又は \quad I = E/Z\ [A] \quad 又は \quad Z = E/I\ [\Omega]$$

　E：実効値電圧〔V〕　I：実効値電流〔A〕　Z：（ ① ）〔Ω〕

A21

①インピーダンス

例題 図のような交流回路で100V の電圧を加えた時，回路の中の電流の値として正しいものは次のうちどれか。

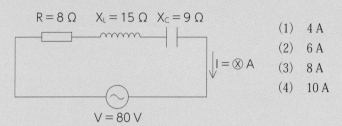

(1)　4 A
(2)　6 A
(3)　8 A
(4)　10 A

解答 （3）

解説　回路全体のインピーダンス Z は次の式により，求める。

$$Z = \sqrt{R^2 + (X_L - X_c)^2} = \sqrt{8^2 + (15 - 9)^2} = \sqrt{64 + 36} = \sqrt{100} = 10 \;[\Omega]$$

合成インピーダンス：10 Ω　実効値電圧：80 V　実効値電流：⊗ A

これらはオームの法則「I = E/Z」により求めることができ，式は次の通りである。

$$I = \frac{E}{Z} = \frac{80}{10} = 8 \;[A]$$

Q22 ★★☆　□□□　□□□　□□□　　甲 乙

下記は電気の基礎知識に関するものである。穴を埋めよ。

交流回路では，電流と電圧で位相がズレることがある。このため電力を求める際，「電流×電圧」のみでは求めることが出来ず次の式となる。

$$P = V I \cos \theta$$

P：有効電力〔W〕　V：実効値電圧〔V〕

I：実効値電流〔A〕　cos θ：力率

単純な「実効値電流×実効値電圧」を「（ ① ）」という。よって，「有効電力＝（ ① ）×力率」と表すことが出来る。

力率：（ ① ）のうちどれだけ有効に利用できるかを表したものであり，求める式は次の通りである。

$$\cos \theta = \frac{R}{Z} = \frac{R}{\sqrt{R^2 + (X_L - X_C)^2}} \qquad Z = \sqrt{R^2 + (X_L - X_C)^2}$$

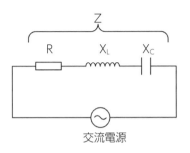

交流電源

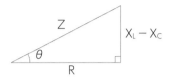

A22

①皮相電力

例題 200 V の単相交流電源に，消費電力640 W，力率80%の負荷を接続した。このとき負荷に流れる電流として正しいものは次のうちどれか。

(1) 4 A (2) 6 A (3) 8 A (4) 10 A

解答 (1)

解説 有効電力を求める式「$P = V I \cos \theta$」により求めることが出来る。

$$640 = 200 \times I \times 0.8$$

$$I = \frac{640}{200 \times 0.8} = 4 \ [A]$$

Q23 ★★☆ □□□ □□□ □□□ 　甲 乙

下記は電気の基礎知識に関するものである。穴を埋めよ。

負荷にかかる電圧を測定するとき，電圧計を負荷と（ ① ）に接続する。

負荷にかかる電流を測定するとき，電流計を負荷と（ ② ）に接続する。

A23

①並列　②直列

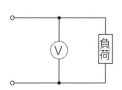 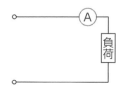

直流電圧計　交流電圧計　直流電流計　交流電流計

例題　回路に電流計及び電圧計を接続する場合，正しいものは次のうちどれか。

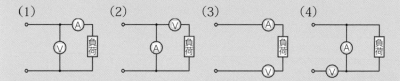

解答　（1）

解説　接続の方法は次の通りである。

電圧計：並列

電流計：直列

Q24 ★★☆ □□□ □□□ □□□ 　甲 乙

下記は電気の基礎知識に関するものである。穴を埋めよ。

電圧計の最大目盛を超えていて測定できない場合，（ ① ）をもちいて測定を可能にする。電圧計と（ ② ）に接続する。

電圧計の内部抵抗を r〔Ω〕とし，最大目盛の n 倍の電圧を測定するのに必要な（ ① ）の抵抗値 R の求め方は，次とする。

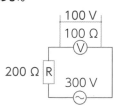

$$R = (n - 1) \ r \ 〔Ω〕$$

つまり，電圧計の内部抵抗に（n − 1）倍することで最大目盛の n 倍の電圧を測定する

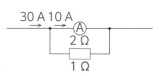

74

ことが出来る。

　電流計の最大目盛を超えていて測定できない場合, （③）をもちいて測定を可能にする。電流計と（④）に接続する。

　電流計の内部抵抗をr〔Ω〕とし, 最大目盛のn倍の電流を測定するのに必要な（③）の抵抗値Rの求め方は, 次とする。

　　　R = r/(n − 1) 〔Ω〕

つまり, 電流計の内部抵抗に1/（n − 1）倍することで最大目盛のn倍の電流を測定することが出来る。

A24
①倍率器　②直列　③分流器　④並列

例題　最大4 V, 内部抵抗15 kΩの直流電圧計を, 最大40 Vまで測定できるようにするために必要な倍率器の抵抗値〔k Ω〕として正しいものは次のうちどれか。

（1）　135　　　（2）　140　　　（3）　145　　　（4）　150

解答　（1）

解説　倍率器の抵抗Rは次により, 求めることが出来る。
　　　　R = (n − 1) r 〔Ω〕
　　　　R = (10 − 1) × 15 〔Ω〕　※　n = 40/4 = 10倍
　　　　R = 9 × 15 〔Ω〕
　　　　R = 135 〔Ω〕

Q25 ★★☆ □□□ □□□ □□□　甲乙

下記は電気の基礎知識に関するものである。穴を埋めよ。

　接地極と大地との間には抵抗が存在する。この抵抗を（①）という。
（①）を測定する器具を（②）という。（①）の測定法として（③）・
（④）などがある。

A25

①接地抵抗　②接地抵抗計（アーステスタ）
③コールラウシュブリッジ法　④電圧降下法

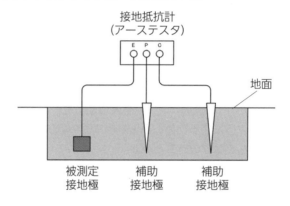

Q26 ★★☆ □□□ □□□ □□□　甲乙

下記は電気の基礎知識に関するものである。穴を埋めよ。

　電気機器やそれらをつなぐ配線には，感電・漏電の危険がないよう，電線
をしっかり保護する必要がある。この保護を「絶縁」という。絶縁抵抗を検
査する器具を（①）という。

　測定には2種類あり，（②）及び（③）がある。

A26

①絶縁抵抗計　②大地と電線の絶縁抵抗を測定
③電線相互間の絶縁抵抗を測定

大地と電線の絶縁抵抗を測定

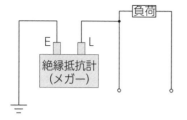

電線相互間の絶縁抵抗を測定

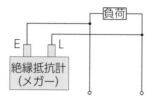

Q27 ★★☆ □□□ □□□ □□□ 甲 乙

下記は電気の基礎知識に関するものである。穴を埋めよ。

　測定する電流値が過大な場合，通常の電流計では測定できない。このような場合は電流計に流れる電流を小さくするため（ ① ）を使用する。

A27

①計器用変流器

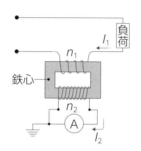

Q28 ★★☆ □□□ □□□ □□□ 甲 乙

下記は電気の基礎知識に関するものである。穴を埋めよ。

　電流が流れる際に生じる磁界の電磁誘導作用によって電流を測定する装置を（ ① ）という。（ ① ）は（ ② ）したまま測定できるのが特徴である。

A28

①クランプメータ　②通電

クランプメータ

Q29 ★★☆ □□□ □□□ □□□ 甲乙

下記は電気の基礎知識に関するものである。次の問いに答えよ。

次の表に当てはまる種類及び記号を選択欄より選べ。

	種類	記号	目盛	作動原理
直流用			平等	永久磁石による磁界と，その磁界中に置かれた可動コイルに流れる電流との間に生じる電磁力によって測定する
交流用			平等	整流器（ダイオード）によって交流を直流に変換し，可動コイル形で測定する
			平等（電力計）不平等（電流計・電圧計）	コイルに測定交流を流し，金属円盤の過電流との間に生じる電磁力を利用して測定する
交直両用			不平等	ヒータに測定電流を流して熱電対を加熱し，発生する起電力を測定する
			2乗	固定コイルに流れる測定電流によって固定鉄片を磁化し，可動鉄片との間に生じる電磁力によって測定する
			平等（電力計）2乗（電流計・電圧計）	固定コイルと可動コイルに流れる電流の電磁力によって測定する
			不平等	固定電極と可動電極の間に生じる静電力を利用して測定する

選択肢	
種類	記号
・静電形 ・整流形 ・電流力計形 ・熱電形 ・可動コイル形 ・誘導形 ・可動鉄片形	

解答は次の通りである。

	種類	記号	目盛	作動原理
直流用	可動コイル形		平等	永久磁石による磁界と，その磁界中に置かれた可動コイルに流れる電流との間に生じる電磁力によって測定する
交流用	整流形		平等	整流器（ダイオード）によって交流を直流に変換し，可動コイル形で測定する
	誘導形		平等（電力計） 不平等 （電流計・電圧計）	コイルに測定交流を流し，金属円盤の過電流との間に生じる電磁力を利用して測定する
交直両用	熱電形		不平等	ヒータに測定電流を流して熱電対を加熱し，発生する起電力を測定する
	可動鉄片形		2乗	固定コイルに流れる測定電流によって固定鉄片を磁化し，可動鉄片との間に生じる電磁力によって測定する
	電流力計形		平等（電力計） 2乗 （電流計・電圧計）	固定コイルと可動コイルに流れる電流の電磁力によって測定する
	静電形		不平等	固定電極と可動電極の間に生じる静電力を利用して測定する

2 電気の基礎的知識

Q30 ★★☆ □□□ □□□ □□□ 甲乙

下記は電気の基礎知識に関するものである。次の問いに答えよ。

電気を通しやすく，電線などの導電材料に利用されているものを**導体**という。電気の伝わりやすさを**導電率**といい，数値が高いほど電気を通しやすい。次の語群の中にある導体を導電率の高い順に並べよ。

語群
・金　・銀　・銅　・鉄　・アルミニウム

A30

導電率

銀	銅	金	アルミニウム	鉄

高←————————————————→低

Q31 ★☆☆ □□□ □□□ □□□ 甲乙

下記は電気の基礎知識に関するものである。次の問いに答えよ。

電気をほとんど通さず，電路などで電流を遮断する**絶縁材料**として利用されているもの**絶縁体**という。絶縁材料に重要な性能として，**絶縁耐力及び耐熱性**がある。

　　絶縁耐力：どれくらい高い電圧まで絶縁状態を保てるかを表したもの
　　耐熱性：どれくらいの熱まで保てるかを表したもの

JIS規格が定める絶縁材料における耐熱性を許容最高温度に応じて表したものを**耐熱クラス**という。次の語群から耐熱クラスの高い順に並べよ。

語群
・E　・F　・Y　・H　・A　・B

A31

許容最高温度

H	F	B	E	A	Y

高←————————————————→低

Q32 ★★☆ □□□ □□□ □□□　　甲 乙

下記は電気の基礎知識に関するものである。穴を埋めよ。

　電線に電流を流す際，電線の長さが長くなると抵抗が（ ① ）。また，電線の断面積が大きくなると抵抗が（ ② ）。

　物質により，抵抗が変わる。長さ 1 m，断面積 1 m²における物質の抵抗を（ ③ ）という。

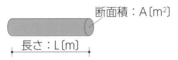

断面積：A〔m²〕

長さ：L〔m〕

A 32

①大きくなる　②小さくなる　③抵抗率

公式	抵抗	抵抗（電線等，断面が円形の場合）

$$R = \rho \frac{L}{A} \ [\Omega] \qquad R = \rho \frac{L}{\pi r^2} \ [\Omega]$$

R：抵抗〔Ω〕　　A：断面積〔m²〕　　L：長さ〔m〕　　π：円周率
r：円の半径〔m〕　　ρ：抵抗率

Q33 ★★☆ □□□ □□□ □□□　　甲 乙

下記は電気の基礎知識に関するものである。穴を埋めよ。

　交流の電圧の高さを電磁誘導を利用して変換する電気機器を（ ① ）という。図のように 1 次コイルに交流電流を加えて磁場を発生させ，相互インダクタンスで結合された 2 次コイルに伝え，再び電流に変換している。1 次コイルと 2 次コイルの巻数を変えることにより，2 次コイルに生じる電圧を調整する。

1 次コイル
N₁巻き

ケイ素鋼板

2 次コイル
N₂巻き

V₁

V₂

N_1：1 次コイルの巻数
N_2：2 次コイルの巻数
V_1：1 次コイルに加える電圧
N_2：2 次コイルに加える電圧

1 次電圧 V_1 と 2 次電圧 V_2 の比を**変圧比**といい，巻き数に（ ② ）する。
1 次電流 I_1 と 2 次電流 I_2 の比を**変流比**といい，巻き数に（ ③ ）する。
1 次巻数 N_1 と 2 次巻数 N_2 の比を**巻数比**という。

A33

①変圧器　②比例　③反比例

> **公式**
>
> $$変圧比 = \frac{V_1}{V_2} = \frac{N_1}{N_2}\ （電圧は巻数に比例）$$
>
> $$変流比 = \frac{I_1}{I_2} = \frac{N_2}{N_1}\ （電流は巻数に反比例）$$
>
> 上記公式を変換すると
>
> $$\frac{V_1}{V_2} = \frac{I_2}{I_1} \quad \Rightarrow \quad V_1 I_1 = V_2 I_2$$
>
> つまり，1 次側の皮相電力と 2 次側の皮相電力は等しい

Q34　★★☆　□□□　□□□　□□□　　甲 乙

下記は電気の基礎知識に関するものである。穴を埋めよ。

　電池において，乾電池のように一度使用したら二度と使えない電池を**一次電池**という。

　電池において，充電することで何度も使用できる電池を**二次電池**という。

　二次電池のうち，車のバッテリーなどに使用されるものを（ ① ）という。

　（ ① ）においては，正極に（ ② ），負極に（ ③ ），電解液に（ ④ ）を用いる。

A34

①鉛蓄電池　②二酸化鉛（PbO_2）　③鉛（Pb）　④希硫酸（H_2SO_4）

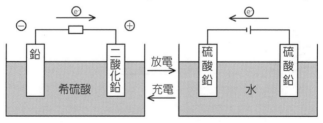

二次電池（鉛蓄電池）

消防関係法令

● **「消防関係法令」**は範囲が広く苦手意識のある方も多く足切点にかかる人が多いです。しかし，試験時においてあまりひねった問題が出題されません。つまり，こちらも範囲は広いものの，確実な得点源となります。

　試験直前は専門科目の復習に力を入れるべきなので，共通科目は余裕をもって学習を進め，慌てて暗記のみといったことのないようにしましょう。そうすれば筆記試験を優位に進めることが出来ます。

1 共通法令

要点まとめ

■令別表第1〈防火対象物の用途種別〉

項		用途
(1)	イ	劇場，映画館，演芸場，観覧場
	ロ	公会堂，集会場
(2)	イ	キャバレー，カフェ，ナイトクラブ等
	ロ	遊技場，ダンスホール
	ハ	性風俗関連特殊営業を営む店舗等
	ニ	カラオケボックス等
(3)	イ	待合，料理店
	ロ	飲食店
(4)		百貨店，マーケット，その他物品販売店舗，展示場
(5)	イ	旅館，ホテル，宿泊所等
	ロ	寄宿舎，下宿，共同住宅
(6)	イ	病院，診療所，助産所
	ロ	老人ホーム等（自力で避難することが困難な者が入所する施設）
	ハ	老人デイサービス等（自力で避難することが困難な者が通所する施設）
	ニ	幼稚園，特別支援学校
(7)		小学校，中学校，高等学校，大学，専修学校等
(8)		図書館，博物館，美術館等
(9)	イ	蒸気浴場，熱気浴場（サウナ）
	ロ	イ以外の公衆浴場
(10)		車両の停車場，船舶・航空機の発着場
(11)		神社，寺院，教会等
(12)	イ	工場，作業場
	ロ	映画スタジオ，テレビスタジオ
(13)	イ	自動車車庫，駐車場
	ロ	飛行機，回転翼航空機の格納庫
(14)		倉庫
(15)		前各項に該当しない事業所（銀行，事務所等）
(16)	イ	複合用途防火対象物のうち，その一部が特定防火対象物の用途に供されているもの
	ロ	イ以外の複合用途防火対象物
(16の2)		地下街
(16の3)		準地下街
(17)		重要文化財，史跡等に指定された建造物
(18)		延長50m以上のアーケード
(19)		市町村長の指定する山林
(20)		総務省令で定める舟車

＝特定防火対象物 　　　＝非特定防火対象物

■防火管理者が必要な防火対象物

用途	収容人数
1．自力避難困難者入所施設（6項ロ）※1	10人以上
2．特定防火対象物（6項ロ以外）	30人以上
3．非特定防火対象物	50人以上

※1　6項ロを含む複合用途防火対象物も同様

■共同防火管理が必要な防火対象物

地上3階以上
収容人数10人以上

地上3階以上
収容人数30人以上

地上5階以上
収容人数50人以上

1．自力避難困難者入所施設　　2．特定防火対象物　　3．特定用途部分を含まない
　　　　　　　　　　　　　　　　　　　　　　　　　　　　　複合用途防火対象物

消防長又は消防署長の指定

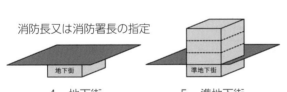

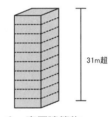

4．地下街　　　　　5．準地下街　　　　6．高層建築物

■検定対象器具

- ・消火器
- ・消火器用消火薬剤（二酸化炭素を除く）
- ・泡消火薬剤
- ・感知器，発信機
- ・中継器
- ・受信機
- ・閉鎖型スプリンクラーヘッド
- ・流水検知装置
- ・一斉開放弁（配管との接続部の内径が300 mm を超えるもの）
- ・金属製避難はしご
- ・緩降機
- ・住宅用防災警報器

■消防設備士資格区分

区分	設置工事及び整備　対象
特　類	特殊消防用設備
第1類	屋内消火栓設備・屋外消火栓設備・スプリンクラー設備・水噴霧消火設備
第2類	泡消火設備
第3類	不活性ガス消火設備・ハロゲン化物消火設備・粉末消火設備
第4類	自動火災報知設備・ガス漏れ火災警報設備・消防機関へ通報する火災報知設備
第5類	金属製避難はしご（固定式のみ）・救助袋・緩降機
第6類	消火器
第7類	漏電火災警報器

■防炎防火対象物

1. 特定防火対象物
2. 高層建築物
3. 工事中の建築物
4. TV・映画スタジオ

■消防用設備点検

点検の種類	点検期間	点検
機器点検	6か月ごと	主に設備の外観目視及び常用電源時での設備の機能点検等
総合点検	1年ごと	主に設備の作動試験及び非常電源時での設備の機能点検等

■防火管理者の業務
・消防計画の作成
・消防計画に基づく消火，通報及び避難訓練の実施・消防用設備，消防用水，又は消火活動上必要な施設の点検及び整備
・避難又は防火上必要な構造及び設備の維持管理
・収容人員の管理
・その他の防火管理上必要な業務

■確認申請及び消防同意の流れ

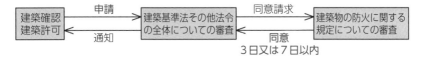

■消防用設備

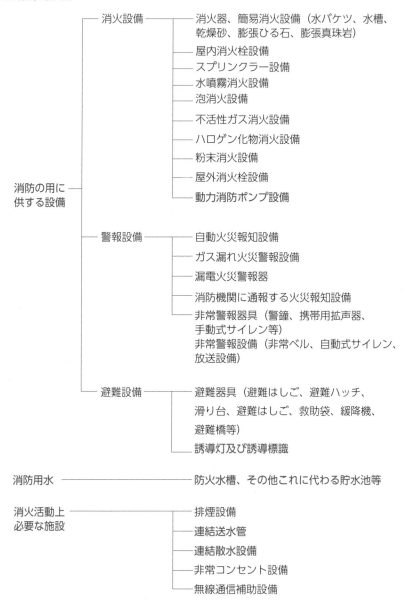

- 消防の用に供する設備
  - 消火設備
    - 消火器、簡易消火設備（水バケツ、水槽、乾燥砂、膨張ひる石、膨張真珠岩）
    - 屋内消火栓設備
    - スプリンクラー設備
    - 水噴霧消火設備
    - 泡消火設備
    - 不活性ガス消火設備
    - ハロゲン化物消火設備
    - 粉末消火設備
    - 屋外消火栓設備
    - 動力消防ポンプ設備
  - 警報設備
    - 自動火災報知設備
    - ガス漏れ火災警報設備
    - 漏電火災警報器
    - 消防機関に通報する火災報知設備
    - 非常警報器具（警鐘、携帯用拡声器、手動式サイレン等）
    - 非常警報設備（非常ベル、自動式サイレン、放送設備）
  - 避難設備
    - 避難器具（避難はしご、避難ハッチ、滑り台、避難はしご、救助袋、緩降機、避難橋等）
    - 誘導灯及び誘導標識
- 消防用水 ── 防火水槽、その他これに代わる貯水池等
- 消火活動上必要な施設
  - 排煙設備
  - 連結送水管
  - 連結散水設備
  - 非常コンセント設備
  - 無線通信補助設備

■無窓階の条件における窓

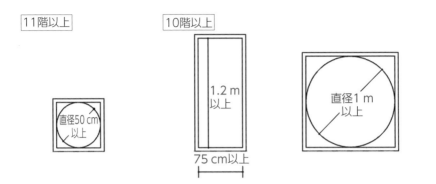

11階以上

直径50cm
以上

10階以上

1.2 m
以上

75 cm以上

直径1 m
以上

■消防の組織

機関の名称	機関の長	機関の構成員
消防本部	消防長	消防吏員その他の消防職員
消防署	消防署長	
消防団	消防団員	消防団員

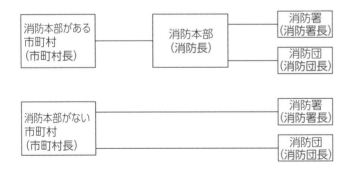

消防本部がある
市町村
（市町村長）

消防本部
（消防長）

消防署
（消防署長）

消防団
（消防団長）

消防本部がない
市町村
（市町村長）

消防署
（消防署長）

消防団
（消防団長）

共通法令

Q1 ★☆☆ □□□ □□□ □□□ 　甲 乙

下記は消防関係法令に関するものである。穴を埋めよ。

消防法第1条

　この法律は，火災を予防し，警戒し及び鎮圧し，（　①　）の（　②　），（　③　）及び（　④　）を火災から保護するとともに，火災又は地震等の災害による被害を軽減するほか，災害等による傷病者の搬送を適切に行い，もって（　⑤　）を保護し，社会公共の福祉の増進に資することを目的とする。

A1

①国民　②生命　③身体　④財産　⑤安定秩序

Q2 ★☆☆ □□□ □□□ □□□ 　甲 乙

下記は消防関係法令に関するものである。穴を埋めよ。

防火対象物：山林または舟車，船きょもしくはふ頭に繋留された船舶，建築物その他の工作物（　①　）。

消防対象物：山林または舟車，船きょもしくはふ頭に繋留された船舶，建築物その他の工作物（　②　）。

> 消防対象物
> 防火対象物

※範囲としては消防対象物の方が広い

A2

①もしくはこれらに属するもの　②または物件

防火対象物とは簡単にいうと防火管理・防災規制の対象になる建造物などのこと！
消防対象物とは消火活動の対象となる全ての建造物などのこと！

Q3 ★★★ □□□ □□□ □□□ 　甲 乙

下記は消防関係法令に関するものである。穴を埋めよ。

関係者とは（ ① ），（ ② ）及び（ ③ ）をまとめた総称である。

防火対象物や消防対象物のある場所，またこれらに関係する場所を
（ ④ ）という。

A3

①所有者　②管理者　③占有者　④関係のある場所

Q4 ★★★ □□□ □□□ □□□ 　甲 乙

下記は消防関係法令に関するものである。穴を埋めよ。

防火対象物のうち，不特定多数の人が出入りする施設や，自力で避難する
ことが難しい人のいる施設には特に厳重な防火管理を要する。これらの施設
を（ ① ）という。具体的には下表の色部分である。

項		用途
(1)	イ	劇場，映画館，演芸場，観覧場
	ロ	公会堂，集会場
(2)	イ	キャバレー，カフェ，ナイトクラブ等
	ロ	遊技場，ダンスホール
	ハ	性風俗関連特殊営業を営む店舗等
	ニ	カラオケボックス等
(3)	イ	待合，料理店
	ロ	飲食店
(4)		百貨店，マーケット，その他物品販売店舗，展示場
(5)	イ	旅館，ホテル，宿泊所等
	ロ	寄宿舎，下宿，共同住宅
(6)	イ	病院，診療所，助産所
	ロ	老人ホーム等（自力で避難することが困難な者が入所する施設）
	ハ	老人デイサービス等（自力で避難することが困難な者が通所する施設）
	ニ	幼稚園，特別支援学校

(7)		小学校，中学校，高等学校，大学，専修学校等
(8)		図書館，博物館，美術館等
(9)	イ	蒸気浴場，熱気浴場（サウナ）
	ロ	イ以外の公衆浴場
(10)		車両の停車場，船舶・航空機の発着場
(11)		神社，寺院，教会等
(12)	イ	工場，作業場
	ロ	映画スタジオ，テレビスタジオ
(13)	イ	自動車車庫，駐車場
	ロ	飛行機，回転翼航空機の格納庫
(14)		倉庫
(15)		前各項に該当しない事業所（銀行，事務所，郵便局等）
(16)	イ	複合用途防火対象物のうち，その一部が特定防火対象物の用途に供されているもの
	ロ	イ以外の複合用途防火対象物
(16の2)		地下街
(16の3)		準地下街
(17)		重要文化財，史跡等に指定された建造物
(18)		延長50m以上のアーケード
(19)		市町村長の指定する山林
(20)		総務省令で定める舟車

A 4

①特定防火対象物

Q 5　★★☆　□□□　□□□　□□□　　甲　乙

下記は消防関係法令に関するものである。穴を埋めよ。

　建築物の地上階のうち，総務省令で定める「（　①　）上又は（　②　）上有効な開口部を有しない階」を無窓階という。それ以外を有窓階という。具体的には次の通りである。

┌ 11階以上：直径（ ③ ）cm以上の円が内接することが出来る開口部の
│　　　　　　面積の合計が，該当階の床面積の（ ④ ）を超える階
│ 10階以下：次のいずれかの開口部が設置数（ ⑤ ）以下の場合
│　　　　　　・直径（ ⑥ ）cm以上の円が内接することが出来る開口部
│　　　　　　・高さ（ ⑦ ）cm以上，幅（ ⑧ ）cm以上の開口部
└ ※開口部の高さは（ ⑨ ）cm以内であること。

A5

①避難　②消防活動　③50
④1/30　⑤1　⑥100
⑦120　⑧75　⑨120

■無窓階の条件における窓

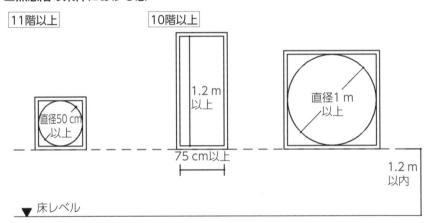

Q6 ★★☆ □□□ □□□ □□□ 　甲乙

下記は消防関係法令に関するものである。穴を埋めよ。

　日本の消防行政は各市町村で責任を負う仕組みとなっている。市町村が設置する消防機関は（ ① ）と（ ② ）である。（ ① ）は管内にある複数の（ ③ ）を統括する。（ ① ）の長を（ ④ ）といい，（ ③ ）の長を（ ⑤ ）という。（ ① ）及び（ ③ ）における職員を（ ⑥ ）という。

A6

①消防本部　②消防団　③消防署　④消防長　⑤消防署長　⑥消防吏員

■消防の組織

機関の名称	機関の長	機関の構成員
消防本部	消防長	消防吏員その他の消防職員
消防署	消防署長	
消防団	消防団員	消防団員

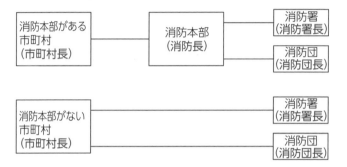

Q7 ★★☆ □□□ □□□ □□□ 甲乙

下記は消防関係法令に関するものである。穴を埋めよ。

・火遊び，喫煙，たき火などの禁止，制限

・残火，取灰，火の粉の始末

・危険物の除去

・放置された物件の整理，除去

上記が屋外で行われている場合，消火活動に支障がある又は，火災予防の観点から命令できる者は（①）・（②）・（③）・（④）である。（⑤）・（⑥）にはこれらを命じる権限はない。

A7

①消防長　②消防署長　③消防吏員　④市町村長　⑤消防団長
⑥消防団員

Q8 ★★☆ □□□ □□□ □□□ 甲乙

下記は消防関係法令に関するものである。穴を埋めよ。

消防長，消防署長，消防本部のない市町村長は，火災予防のために必要があるとき，（①）に資料の提出や報告を求めたり，消防吏員などに（②）

を行わせることが出来る。

　なお，個人の住宅等には承諾を得た場合や，特に緊急の場合のみ（②）を行うことが出来る。

　（②）の注意事項は次の通りである。

　　・　消防吏員などは関係のある場所に立ち入る際，市町村長の定める（③）を携帯し，関係者の請求がある場合，これを示さなければならない。
　　・　消防吏員などは関係のある場所に立ち入る際，関係者の業務をみだりに（④）してはならない。
　　・　消防吏員などは関係のある場所に立ち入って，関係者から得た情報はみだりに（⑤）してはならない。

A 8
①関係者　②立入検査　③証票　④妨害　⑤漏洩

Q 9 ★★☆ □□□ □□□ □□□ 　甲 乙

下記は消防関係法令に関するものである。穴を埋めよ。

　消防長，消防署長，消防本部のない市町村長は，火災予防上危険であったり，避難上の危険から防火対象物の位置・構造・設備について，権原を有する関係者に防火対象物の（①）・（②）・（③）・（④）・（⑤）などを命じることが出来る。

　ここでいう権原を有する関係者のうち，特に緊急を有する場合には所有者・管理者・占有者に加え，（⑥）・（⑦）が該当する。

A 9
①改修　②移転　③除去　④工事の停止　⑤工事の中止　⑥工事の請負人
⑦現場管理者

消防長
消防署長
（市町村長） ──改修・移転・除去・工事の停止・工事の中止──→ 関係者

Q10 ★★★ □□□ □□□ □□□ 甲乙

下記は消防関係法令に関するものである。穴を埋めよ。

　建築物の新築，改築，修繕などの工事に着手する場合，その計画が法令の規定に適合することについて，（　①　）を出して，確認を受けることとされている。

　建築確認を求められた建築主事又は指定確認検査機関は，その建築物が消防法上問題ないことについて，さらに所轄の消防長又は消防署長，消防本部のない市町村への同意を得られなければならない。これを（　②　）という。（　②　）は一般建築物の場合，（　③　）日以内，その他の建築物の場合は（　④　）日以内に，建築主事又は指定確認検査機関に通知する。

A10

①確認申請　②消防同意　③3　④7

建築主	──申請──→	建築主事又は 指定確認検査機関	──同意請求──→	消防長又は，消防署長， 消防本部のない市町村長
← ──通知──			←──同意──	
			3日又は7日以内	

建築主事　　　　　：建築確認を行う市役所の公務員！
指定確認検査機関：建築確認を行う民間の機関！

Q11 ★☆☆ □□□ □□□ □□□ 甲乙

下記は消防関係法令に関するものである。穴を埋めよ。

　一定規模以上の防火対象物では，（　①　）は一定の資格を有する（　②　）を定めて，防火管理上必要な業務を行わせ，所轄の消防長又は消防署長に届けなければならない。

　（　①　）は，（　②　）を選任又は解任した時は，その旨を遅滞なく，所轄の（　③　）又は（　④　）に届けなければならない。

A11

①管理権原者　②防火管理者　③消防長　④消防署長

管理権原者：防火対象物の管理について権限を持つもの！
管理権原者が防火管理者となってもよい！

Q12 ★★★ □□□ □□□ □□□ 　甲乙

下記は消防関係法令に関するものである。穴を埋めよ。

防火管理者は用途別による規定以上の収容人数により選任義務が生じる。

用途	収容人数
1．自力避難困難者入所施設（6項（ロ））※1	（①）人以上
2．特定防火対象物（6項（ロ）以外）	（②）人以上
3．非特定防火対象物	（③）人以上

※1　6項ロを含む複合用途防火対象物も同様

同一敷地内に2つ以上の防火対象物があり，（④）が同じ場合，収容人数はそれらの合計となる。

また，（⑤）・（⑥）・（⑦）・（⑧）は収容人数に関わらず防火管理者は不要である。

A12

①10　②30　③50　④管理権原者　⑤（16の3）準地下街
⑥⒅延長50m以上のアーケード　⑦⒆市町村長が指定する山林
⑧⒇総務省令で定める舟車

Q13 ★★★ □□□ □□□ □□□ 　甲乙

下記は消防関係法令に関するものである。穴を埋めよ。

防火管理者には（①）と（②）の2種類がある。（①）としなければならない条件は下記の表とし，それ以外を（②）とする。

用途	収容人数	面積
1．自力避難困難者入所施設（6項（ロ））※1	（③）人以上	面積に関わらず全て

2.特定防火対象物（6項（ロ）以外）	（④）人以上	（⑥）m²以上
3.非特定防火対象物	（⑤）人以上	（⑦）m²以上

※1　6項ロを含む複合用途防火対象物も同様

A13
①甲種防火管理者　②乙種防火管理者　③10　④30　⑤50　⑥300　⑦500

Q14 ★★☆ □□□ □□□ □□□ 　甲乙

下記は消防関係法令に関するものである。穴を埋めよ。

防火管理者の行う業務は次の通りである。

- （①）の作成
- 消防計画に基づく消火，通報及び（②）の実施
- 消防用設備，消防用水，又は消火活動上必要な施設の（③）及び（④）
- 避難又は防火上必要な構造及び設備の（⑤）
- （⑥）の管理
- その他の防火管理上必要な業務

A14
①消防計画　②避難訓練　③点検　④整備　⑤維持管理　⑥収容人員

Q15 ★★★ □□□ □□□ □□□ 　甲乙

下記は消防関係法令に関するものである。穴を埋めよ。

　複合用途防火対象物や地下街など複数のテナントがある場合，管理権原者も複数になる。以下の防火対象物では協議して（①）を定めて，届出をしなければならない。（①）は防火対象物全体に対しての消防計画の作成，消防計画に基づく消火，通報および避難訓練の実施，廊下，階段，避難口などの管理までを行わなければならない。

用途	収容人数	階数
1．自力避難困難者入所施設（6項（ロ））※1	（ ② ）人以上	地階を除く階数が（ ⑤ ）以上
2．特定防火対象物（6項（ロ）以外）	（ ③ ）人以上	地階を除く階数が（ ⑥ ）以上
3．非特定防火対象物	（ ④ ）人以上	地階を除く階数が（ ⑦ ）以上
用途	条件	
4．地下街	（ ⑧ ）又は（ ⑨ ）が指定するもの（収容10人以上）	
5．準地下街	特定防火対象物を含む	
種類		
6．高層建築物（高さ（ ⑩ ）mを超える建築物）		

※1　6項ロを含む複合用途
　　防火対象物も同様

　（ ① ）の場合は，管理権原者全体で建物全域の防火体制や避難方法などについて協議しなければならない。これを（ ⑪ ）という。

A15
①共同防火管理　②10　③30　④50　⑤3　⑥3　⑦5　⑧消防長
⑨消防署長　⑩31

■共同防火管理が必要な防火管理物

地上3階以上
収容人数10人以上

地上3階以上
収容人数30人以上

地上5階以上
収容人数50人以上

1．自力避難困難者入所施設　2．特定防火対象物　3．特定用途部分を含まない
　　　　　　　　　　　　　　　　　　　　　　　　　　複合用途防火対象物

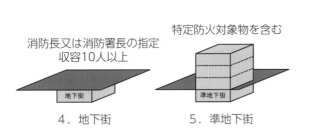
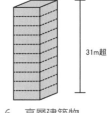

消防長又は消防署長の指定
収容10人以上

特定防火対象物を含む

31m超

4．地下街　　　　5．準地下街　　　6．高層建築物

Q16 ★★☆ □□□ □□□ □□□ 甲 乙

下記は消防関係法令に関するものである。穴を埋めよ。

　延焼の危険性が大きいカーテンや撮影スタジオ等で使用される暗幕等には，特に防火の点から注意が必要である。よって，一定の防炎性能を有する必要がある場合がある。この様な物品を**防炎物品**という。

　次のように指定されている防火対象物では，防炎物品を使用しなければならない。このような規制を**防炎規制**という。

　　・（①）　・（②）　・（③）　・（④）

防炎物品の種類は次の通りである。

　　・（⑤）　・（⑥）　・布製の（⑦）　・展示用の（⑧）

　　・工事用（⑨）　・舞台で使用する（⑩）

　　・どん帳その他舞台において使用する（⑪）

　　・撮影スタジオ等で使用される（⑫）

A16

①特定防火対象物　②高層建築物（高さ31 m 超）　③工事中の建物
④テレビ・映画用のスタジオ　⑤カーテン　⑥じゅうたん　⑦ブラインド
⑧合板　⑨シート　⑩大道具用の合板　⑪幕　⑫暗幕

Q17 ★★★ □□□ □□□ □□□ 甲 乙

下記は消防関係法令に関するものである。穴を埋めよ。

　建物内に火災が発生した時，使用する為の消防設備は大きく（①）・（②）・（③）の3種類に分かれている。

A17

①消防の用に供する設備　②消防用水　③消防活動上必要な施設

■消防用設備

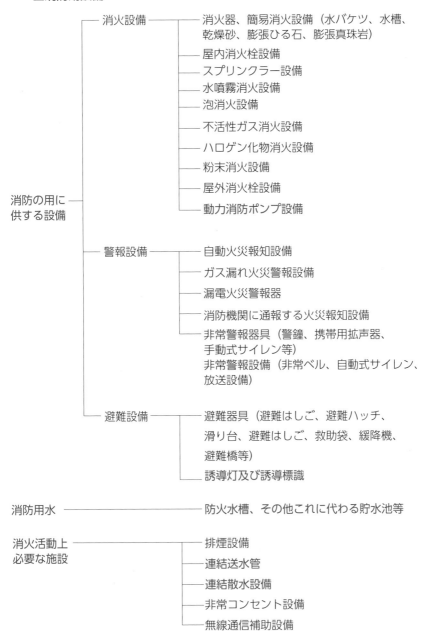

消防の用に
供する設備

- 消火設備
  - 消火器、簡易消火設備（水バケツ、水槽、乾燥砂、膨張ひる石、膨張真珠岩）
  - 屋内消火栓設備
  - スプリンクラー設備
  - 水噴霧消火設備
  - 泡消火設備
  - 不活性ガス消火設備
  - ハロゲン化物消火設備
  - 粉末消火設備
  - 屋外消火栓設備
  - 動力消防ポンプ設備
- 警報設備
  - 自動火災報知設備
  - ガス漏れ火災警報設備
  - 漏電火災警報器
  - 消防機関に通報する火災報知設備
  - 非常警報器具（警鐘、携帯用拡声器、手動式サイレン等）
非常警報設備（非常ベル、自動式サイレン、放送設備）
- 避難設備
  - 避難器具（避難はしご、避難ハッチ、滑り台、避難はしご、救助袋、緩降機、避難橋等）
  - 誘導灯及び誘導標識

消防用水 ── 防火水槽、その他これに代わる貯水池等

消火活動上
必要な施設
- 排煙設備
- 連結送水管
- 連結散水設備
- 非常コンセント設備
- 無線通信補助設備

色の付いている設備は引掛けとして出題されやすいので特に注意が必要！
これら消防用設備の工事、整備には一部を除き消防設備士の資格を必要とする！

Q18 ★★☆ □□□ □□□ □□□ 　甲 乙

下記は消防関係法令に関するものである。穴を埋めよ。

消防法令8条により、開口部のない（①）の床又は壁により区画されている場合、その部分は別の防火対象物として消防用設備の設置義務が生ずる。この基準による区画を通称「（②）」という。

A18

①耐火構造（鉄筋コンクリート造等）　②令8区画

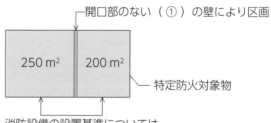

開口部のない（①）の壁により区画

250 m² 　200 m²

特定防火対象物

消防設備の設置基準については、
それぞれ別の防火対象物とみなす。

例

特定防火対象物における自動火災報知設備の設置基準は基本的に延床面積300 m²以上である。通常では設置しなければならないが、上図のように鉄筋コンクリート造等の壁又は床等で区画されている場合はそれぞれ別の防火対象物として考えるため、300 m²未満となり、設置義務は生じない。

Q19 ★☆☆ □□□ □□□ □□□ 　甲 乙

下記は消防関係法令に関するものである。穴を埋めよ。

複合用途防火対象物では原則、それぞれの用途ごとに1つの防火対象物とみなす。しかし、消防用設備のうち、（①）・（②）・（③）・（④）・ガス漏れ火災警報設備・漏電火災警報器・非常警報設備については、1棟全体を

設置基準とする。

A19

①スプリンクラー設備 ②自動火災報知設備 ③避難器具 ④誘導灯

3F 飲食店
2F 事務所
1F 店舗

原則別の防火対象物
として設置する

複合用途防火対象物

例

　上図のような建物の場合，それぞれ別の防火対象物とみなして消防用設備を設置します。しかし，次の設備は例外とし，1棟全体を設置単位とする。

スプリンクラー設備	ガス漏れ火災警報設備
自動火災報知設備	非常警報設備
避難器具	誘導灯
漏電火災警報器	

Q20 ★★☆ □□□ □□□ □□□ 甲 乙

下記は消防関係法令に関するものである。穴を埋めよ。

　地下街はテナントごとに複数の用途で使用されているが全体として1つの防火対象物として設置する。また，地下街の1部に特定防火対象物の地階が存在する場合で，その部分が消防長又は消防署長が認めるものの，特定の消防用設備（（ ① ）・（ ② ）・（ ③ ）・（ ④ ））については地下街として設置する。

　2つの防火対象物を渡り廊下や地下通路により連結している場合，原則として合わせて1棟として考える。しかし，（ ⑤ ）を講じた場合は，それぞれ別の防火対象物と考えることが出来る。

①スプリンクラー設備　②自動火災報知設備　③ガス漏れ火災警報設備
④非常警報設備　⑤一定の防火処置

Q21 ★☆☆ □□□ □□□ □□□ 　甲 乙

下記は消防関係法令に関するものである。穴を埋めよ。

　それぞれの地方における管轄の消防署によって，消防用設備の設置基準等
（消防関係法令の基準）を厳しくすることが出来る。これを（ ① ）という。
通常，設置基準を緩和することは出来ない。

A21

①市町村条例

Q22 ★★☆ □□□ □□□ □□□ 　甲 乙

下記は消防関係法令に関するものである。穴を埋めよ。

　法令の設置基準に改正があった場合でも，すでに建っている建築物又は，
建物の用途を変更した場合については原則改正前の基準に適合していればよ
いこととされている。しかし，次のうち１つでも該当した場合は，建てた後
でも改正後の基準に適合しなければならない。これを「遡及適用」という。
　　１，対象の防火対象物が（ ① ）である場合。
　　２，消防用設備のうち，（ ② ）・（ ③ ）・（ ④ ）・（ ⑤ ）・漏電火災警報
　　　　器・ガス漏れ警報器・非常警報器具及び非常警報設備については常
　　　　に改正後の基準に適合させなければならない。
　　３，関係者が自発的に改正後の基準に適合させる場合。
　　４，そもそも既存の建物が改正前の基準に適合していない場合。
　　５，改正後，既存建築物を増築・改築・大規模修繕・大規模模様替えを
　　　　行った場合，その対象部分の床面積（ ⑥ ）m²以上又は延べ床面積
　　　　の（ ⑦ ）以上である場合。

A22

①特定防火対象物　②消火器具及び簡易消火用具
③自動火災報知設備（特定防火対象物および重要文化財のみ）
④避難器具　⑤誘導灯及び誘導標識　⑥1000　⑦1/2

Q23 ★★★ □□□ □□□ □□□ 甲乙

下記は消防関係法令に関するものである。穴を埋めよ。

消防用設備を設置した場合，消防機関へ提出し，基準に適合しているかどうか検査を受けなければならない。

届け出に必要な防火対象物は以下の通りである。

1，（ ① ）
2，延べ床面積が（ ② ）m²以上の特定防火対象物
3，延べ床面積が（ ③ ）m²以上で（ ④ ）の指定を受けた非特定防火対象物
4，特定防火対象物であり避難する階段が屋内に（ ⑤ ）しかない場合。（特定1階段等防火対象物）

設置しても届け出・検査が必要ない消防用設備は（ ⑥ ）と（ ⑦ ）である。

消防用設備を設置する前に消防機関に届ける書類を（ ⑧ ）という。届け出の期間は工事着手の（ ⑨ ）日前までとする。

消防用設備を設置した後に消防機関に届ける書類を（ ⑩ ）という。届け出の期間は工事完了から（ ⑪ ）日以内とする。

（ ⑩ ）を届ける者は防火対象物の（ ⑫ ）であり，（ ⑬ ）又は（ ⑭ ）へ届け出なければならない。

（ ⑧ ）を届ける者は設置する設備に対応した資格を持つ（ ⑮ ）であり，（ ⑬ ）又は（ ⑭ ）へ届け出なければならない。

A23

①自力避難困難者入所施設　②300　③300　④消防長又は消防署長
⑤1つ　⑥簡易消火用具　⑦非常警報器具
⑧着工届（誘導灯の場合は設計届）　⑨10　⑩設置届　⑪4
⑫関係者（所有者，管理者または占有者）　⑬消防長　⑭消防署長
⑮消防設備士

下記は消防関係法令に関するものである。穴を埋めよ。

防火対象物に設けられている消防用設備は定期的に機能等について問題がないかどうか点検を行う義務が生ずる。点検を行った後は（ ① ）に報告しなければならない。

有資格者（消防設備士及び消防用設備点検資格者）が点検を行わなければならない防火対象物の規模は次の通りである。

1，延べ床面積が（ ② ）m²以上の特定防火対象物

2，延べ床面積が（ ③ ）m²以上で（ ④ ）の指定を受けた非特定防火対象物

3，特定防火対象物の部分から避難する階段が屋内に（ ⑤ ）しかない場合。（特定1階段等防火対象物）

これ以外の防火対象物にあっては，防火対象物の（ ⑥ ）が点検を行えばよいとされている。しかし，専門性の高い業務内容であることから実際は，有資格者が行うことが一般的である。

消防設備点検には（ ⑦ ）点検と（ ⑧ ）点検の2種類あり，それぞれの点検期間及び点検内容を次に示す。

点検の種類	点検期間	点検内容
（ ⑦ ）点検	（ ⑨ ）ごと	主に設備の外観目視及び常用電源時での設備の機能点検等
（ ⑧ ）点検	（ ⑩ ）ごと	主に設備の作動試験及び非常電源時での設備の機能点検等

2種類の消防点検を行った後，（ ① ）に報告するのは，毎回ではなく防火対象物の種類によって一定の期間が設けられており，その提出期限の直近の（ ⑧ ）点検結果報告書を提出すればよいこととされている。報告書提出は防火対象物の（ ⑪ ）が行う。提出期限は次の通りである。

防火対象物の種類	報告機関
特定防火対象物	（ ⑫ ）ごと
非特定防火対象物	（ ⑬ ）ごと

A24

①消防長又は消防署長　②1000　③1000　④消防長又は消防署長　⑤1つ
⑥関係者　⑦機器　⑧総合　⑨6か月　⑩1年　⑪関係者　⑫1年
⑬3年

Q25 ★☆☆ □□□ □□□ □□□　甲 乙

下記は消防関係法令に関するものである。穴を埋めよ。

　防火対象物の関係者が消防用設備を技術上の基準に従って設置・維持していない場合，（①）又は（②）は命令をすることが出来る。
- 設置命令を違反した場合，（③）年以下の懲役又は（④）万円以下の罰金が科せられる。
- 維持命令を違反した場合，（④）万円以下の罰金又は拘留となる。

A25

①消防長　②消防署長　③1　④100　⑤30

Q26 ★★☆ □□□ □□□ □□□　甲 乙

下記は消防関係法令に関するものである。穴を埋めよ。

　消防設備士には（①）種と（②）種がある。（①）種は消防用設備の設置工事と整備（点検）が出来る。（②）種は整備のみである。消防設備士には特類〜第7類までの全8種類があり，それぞれに対応する設備を次の問題に示す。

A26

①甲　②乙

Q27 ★★☆ □□□ □□□ □□□　甲 乙

下記は消防関係法令に関するものである。次の問いに答えよ。

　「設置工事及び整備 対象設備」に該当する消防用設備を答え，表を完成させよ。

区分	設置工事及び整備　対象設備	
特類		1種類
第1類		4種類
第2類		1種類
第3類		3種類
第4類		3種類
第5類		3種類
第6類		1種類
第7類		1種類

甲種 ／ 乙種

A27

区分	設置工事及び整備　対象設備
特類	特殊消防用設備
第1類	屋内消火栓設備・屋外消火栓設備・スプリンクラー設備・水噴霧消火設備
第2類	泡消火設備
第3類	不活性ガス消火設備・ハロゲン化物消火設備・粉末消火設備
第4類	自動火災報知設備・ガス漏れ火災警報設備・消防機関へ通報する火災報知設備
第5類	金属製避難はしご（固定式のみ）・救助袋・緩降機
第6類	消火器
第7類	漏電火災警報器

甲種 ／ 乙種

Q28 ★★☆　□□□　□□□　□□□　　甲 乙

下記は消防関係法令に関するものである。穴を埋めよ。

次のものは消防設備士でなくても行える業務である。

・（　①　）な整備

・屋内消火栓，スプリンクラー設備，水噴霧消火設備，屋外消火設備の（　②　）・（　③　）・（　④　）の工事

・消防用設備の（　⑤　）に関係なく設置・整備する場合

A28

①軽微　②電源部分　③水源部分　④配管部分　⑤技術上の基準

Q29 ★★☆ □□□ □□□ □□□ 　甲 乙

下記は消防関係法令に関するものである。穴を埋めよ。

消防設備士の免状に関する事項を次に並べる。

- ・消防設備士の免状は、（ ① ）により交付される。
- ・消防設備士の免状に記載されている内容（氏名，本籍等）に変更が生じた場合及び免状貼付顔写真が撮影後（ ② ）年を経過したときは必要な書類とともに，（ ③ ）又は（ ④ ）に免状の書き換えを申請する。
- ・消防設備士の免状を亡失・滅失・汚損・破損した場合，（ ⑤ ）又は（ ⑥ ）に免状の再交付を申請できる。また亡失の場合でその後発見した場合はその免状を（ ⑦ ）日以内に（ ⑤ ）又は（ ⑥ ）に提出しなければならない。

消防設備士の試験を合格したものでも次のものは免許の交付を受けることが出来ない場合がある。

- ・免状の返納を命じられてから（ ⑧ ）年を経過しないもの。
- ・消防法令の違反以上を犯したもので，刑の執行期限が終了してから（ ⑨ ）年を経過しないもの。

消防設備士が法令を違反した際，（ ⑩ ）は免状の返納を命じることが出来る。

A29

①（受験地の）都道府県知事　②10　③交付をした都道府県知事
④居住地又は勤務地の都道府県知事　⑤交付した都道府県知事
⑥書き換えした都道府県知事　⑦10　⑧1　⑨2
⑩（受験地の）都道府県知事

Q30 ★★★ □□□ □□□ □□□ 　甲乙

下記は消防関係法令に関するものである。穴を埋めよ。

消防設備士は，その責務を誠実に行い，工事整備対象設備等の（　①　）に努めなければならない。

消防設備士は，業務に従事する際，消防設備士免状を（　②　）しなければならない。

全ての消防設備士は，技術の発展及び基準法令の改正に対応すべく，都道府県知事が行う講習を受けなければならない。

講習の頻度は次の図の通りである。

A30

①質の向上　②携帯

③免状の交付を受けた月以降の最初の4／1から2年以内

④講習を受けた日以降における最初の4／1から5年以内

Q31 ★★☆ □□□ □□□ □□□ 　甲乙

下記は消防関係法令に関するものである。穴を埋めよ。

消防用設備のうち，一部の部品や全体には，その形状・構造・材質・成分・性能などが定められた技術上の規格に適合しているかどうか試験する制度がある。これを（　①　）という。対象でありながらこれに合格しないものは，販売・陳列・工事などに使用してはならない。

（　①　）は，（　②　）及び（　③　）の2段階で行われる。

・（　②　）とは，（　④　）が行う対象となる機械器具の型式（形状）の書類審査である。

・（　③　）とは，（　⑤　）が行う対象となる機械器具の個々の形状を検定するものである。

検定に合格したものには，（　⑥　）を表示できる。

A31

①検定制度　②型式承認　③型式適合検定
④総務大臣　⑤日本消防検定協会
⑥検定合格マーク

Q32　★★☆　□□□　□□□　□□□　　甲 乙

下記は消防関係法令に関するものである。次の問いに答えよ。

検定対象器具（全12個）を全て答えよ。

A32

■検定対象器具

・消火器

・消火器用消火薬剤（二酸化炭素を除く）

・泡消火薬剤

・感知器，発信機

・中継器

・受信機

・閉鎖型スプリンクラーヘッド

・流水検知装置

・一斉開放弁（配管との接続部の内径が300 mm を超えるもの）

・金属製避難はしご

・緩降機

・住宅用防災警報器

※ H26年 4 月 1 日以降改正

毎回出題されやすいので特に注意が必要！
確実に全て覚えよう！

問題1　消防法に規定されている用語の記述で誤っているものは次のうちどれか。

(1)　関係者とは防火対象物または消防対象物の所有者，管理者もしくは占有者をいう

(2)　舟車には，車両も含まれる。

(3)　消防対象物とは，山林又は舟車，船きょ若しくはふ頭に繋留された船舶，建築物その他の工作物若しくはこれらに属する物をいう。

(4)　関係のある場所とは防火対象物又は消防対象物のある場所をいう。

〈解説〉　防火対象物とは，山林又は舟車，船きょ若しくはふ頭に繋留された船舶，建築物その他の工作物若しくはこれらに属する物をいう。

　　消防対象物とは，山林又は舟車，船きょ若しくはふ頭に繋留された船舶，建築物その他の工作物または物件をいう。

問題2　16項(イ)の複合用途防火対象物に適合しないものは次のうちどれか。

(1)　1階：コンビニ　　2階：共同住宅　　3階：作業場

(2)　1階：倉庫　　2階：映画スタジオ　　3階：映画館

(3)　1階：幼稚園　　2階：老人デイサービス　　3階：事務所

(4)　1階：図書館　　2階：博物館　　3階：小学校

〈解説〉　図書館，博物館，小学校は全て非特定防火対象物である。

　　このような出題形式は多いので必ず令別表第1はすべて覚えきること。

問題3　防火対象物として正しいものは次のうちどれか。

(1)　一戸建て住宅

(2)　延長40 m のアーケード

(3)　総務省令で定める舟車

(4)　市町村長が指定していない山林

〈解説〉

・一戸建て住宅

・アーケードは50 m 以上で防火対象物に該当する

解答　問題1（3）　問題2（4）　問題3（3）

- 令別表第 1 の通りで正しい
- 市町村長が指定している山林は防火対象物に該当する

問題 4 　特定防火対象物として誤っているものは次のうちどれか。

(1) 熱気浴場 　　(2) 準地下街

(3) 助産所 　　(4) 郵便局

〈解説〉
- 熱気浴場（サウナ）は 9 項（イ）であるため，特定防火対象物に該当する。その他の公衆浴場は該当しないので注意すること
- 地下街（16の 2 ）も準地下街（16の 3 ）も特定防火対象物である。
- 助産所は 6 項（イ）であるため，特定防火対象物に該当する。
- 郵便局は15項であるため，特定防火対象物に該当しない。

問題 5 　消防法令における無窓階の定義として正しいものは次のうちどれか。

(1) 避難上または消火活動上有効な開口部を有しない階

(2) 開口部が無い階

(3) 直接避難できる出入り口のない階

(4) 排煙上有効な開口部を有しない階

〈解説〉 開口部の無い階と勘違いしている人も多いのでよく覚えよう。『避難上』と『消火活動上』を 2 つの文言が揃ってないといけないので片方だけを抜いた状態で出題するケースもあるので引っかからないよう注意すること。

問題 6 　屋外にいて火災の危険がある行為が行われている場合，火災予防上必要な措置を命ずることが出来ないものは次のうちどれか。

(1) 消防署長

(2) 消防吏員

(3) 消防団長

(4) 消防本部を置かない市町村長

〈解説〉 消防団長及び消防団員は命令することが出来ない。消防長，消防署長，消防吏員または消防本部を置かない市町村長とは違う点を理解しておこう。

解答 　問題 4 （ 4 ） 　問題 5 （ 1 ） 　問題 6 （ 3 ）

問題7　消防法に関する記述として正しいものは次のうちどれか。

(1) 消防職員が立ち入り検査をする際は実施する物件の検査期日・期間を事前に伝える必要がない。

(2) 消防団長は緊急を要する場合は関係者の許可なく，個人の住居へ入って立ち入り検査を実施することが出来る。

(3) 火災予防上危険と判断した場合，消防吏員は物件の改修及び移転などを命ずることが出来る。

(4) 火災予防上危険と判断した物件の関係者に対して資料請求を求める際，消防本部を置かない市町村では消防団長が命ずる権限を有する。

〈解説〉

(1) 消防長，消防署長または消防本部を置かない市町村長の命令により，消防職員は立ち入り検査を実施できる。その際，事前連絡を行う必要はない。

(2) 立ち入り検査の命令が出来るのは消防長，消防署長または消防本部を置かない市町村長である。

(3) 措置命令が出来るのは消防長，消防署長または消防本部を置かない市町村長である。

(4) 消防本部を置かない市町村では市町村長が命ずる権限を有する。

問題8　消防法に関する記述として誤っているものは次のうちどれか

(1) 火災予防上危険と判断した場合，消防本部のない市町村長は工事現場の管理者に防火対象物の構造を改修するよう命ずることが出来る。

(2) 火災予防上危険と判断した場合，消防長は権原を有する占有者に防火対象物の位置を移転するよう命ずることが出来る。

(3) 消防同意において，消防長又は消防署長は同意請求が来た場合，建築主に回答する。

(4) 消防同意の期間は一般建築物であれば3日，その他の建築物であれば7日以内である。

解答　問題7（1）　問題8（3）

〈解説〉

(1)(2) 火災予防上危険と判断した場合，消防長，消防署長，消防本部のない市町村長は権原を有する関係者(所有者・管理者・占有者)，工事の請負人，工事現場の管理者に対して防火対象物の位置・構造・設備を改修・移転・除去・工事の停止・工事の中止を行うよう命ずることが出来る

(3)(4) 消防同意は建築主事または指定確認検査機関から消防長，消防署長または消防本部のない市町村長に求められる。消防同意の期間は一般建築物であれば3日，その他の建築物であれば7日以内である。

問題9　防火管理者に関する記述のうち誤っているものは次のうちどれか。

(1) 防火管理者を選任するのは管理権原者である。

(2) 6項(ロ)の場合，収容人数20人であれば防火管理者の選任が必要である。

(3) 6項(ハ)の場合，収容人数20人であれば防火管理者の選任が必要である。

(4) 7項の場合，収容人数50人であれば防火管理者の選任が必要である。

〈解説〉

(1) 記述の通りである。

(2) 6項(ロ)：自力避難困難者が入所する施設では収容人数10人以上で防火管理者を選択する必要がある。

(3) 特定防火対象物では収容人数30人以上で防火管理者を選択する必要がある。

(4) 非特定防火対象物では収容人数50人以上で防火管理者を選択する必要がある。

問題10　防火管理者の選任が人数に関係なく不要な防火対象物として誤っているものは次のうちどれか。

(1) 地下街

(2) 準地下街

(3) 50m以上のアーケード

(4) 市町村長が指定する山林

解答　問題9 (3)　問題10 (1)

〈解説〉 地下街は収容人数30人以上で防火管理者の選任が必要である。準地下街，50 m以上のアーケード，市町村長が指定する山林，総務省令で定める舟車は人数に関係なく防火管理者の選任が不要である。

問題11 防火管理者に関する記述として誤っているものは次のうちどれか。
(1) 6項(ロ)で収容人数10人，床面積300 m²の場合，甲種防火管理者を選任する。
(2) 5項(イ)で収容人数30人，床面積300 m²の場合，甲種防火管理者を選任する。
(3) 5項(ロ)で収容人数50人，床面積300 m²の場合，甲種防火管理者を選任する。
(4) 消防設備点検を行わせることは防火管理者の業務に該当する。

〈解説〉
(1)(2)(3) 防火管理者には甲種と乙種があり，甲種防火管理者には収容人数だけでなく面積も要件に含まれる。6項(ロ)は収容人数10人以上であれば面積に関係なく甲種防火管理者が必要になる。特定防火対象物は収容人数30人以上に加えて床面積300 m²以上であれば甲種防火管理者が必要になる。非特定防火対象物は収容人数50人以上に加えて床面積500 m²以上であれば甲種防火管理者が必要になる。面積が指定未満であれば乙種防火管理者でよい。
(4) 防火管理者の行う業務としては下記の通りである。
・消防計画の作成
・消防計画に基づく消火，通報及び避難訓練の実施
・消防用設備，消防用水，または消火活動上必要な施設の点検及び整備
・避難または防火上必要な構造及び設備の維持管理
・収容人員の管理
・その他の防火管理上必要な業務

問題12 統括防火管理者を選任する必要がある防火対象物として，誤っているものは次のうちどれか。

解答 問題11（3）

(1)　6項(ロ)で収容人数10人，地階を除く階数が3の場合，統括防火管理者を選任する。

(2)　5項(イ)で収容人数30人，地階を除く階数が3の場合，統括防火管理者を選任する。

(3)　5項(ロ)で収容人数50人，地階を除く階数が3の場合，統括防火管理者を選任する。

(4)　高さ32mの高層建築物

〈解説〉

(1)(2)(3)　6項(ロ)は収容人数10人以上で地階を除く階数が3以上の場合，統括防火管理者を選任する。特定防火対象物は収容人数30人以上で地階を除く階数が3以上の場合，統括防火管理者を選任する。非特定防火対象物は収容人数50人以上で地階を除く階数が5以上の場合，統括防火管理者を選任する。

(4)　高さ31mを超える高層建築物には統括防火管理者を選任する。

問題13　防炎規制を受ける防火対象物として誤っているものは次のうちどれか。

(1)　重要文化財

(2)　地下街

(3)　工事中の建物

(4)　映画スタジオ

〈解説〉　防炎規制を受ける防火対象物は以下の通りである。

・特定防火対象物（地下街，準地下街を含む）

・高層建築物（高さ31mを超える）

・工事中の建物

・映画スタジオ

問題14　防炎物品として誤っているものは次のうちどれか。

(1)　工事用シート

(2)　暗幕

(3)　合板

(4)　指定可燃物

解答　問題12（3）　問題13（1）　問題14（4）

〈解説〉 防炎対象物品に指定可燃物は該当しない

問題15　消防の用に供する設備のうち誤っているものは次のうちどれか。
- (1)　動力消防ポンプ設備
- (2)　防火水槽
- (3)　すべり台
- (4)　乾燥砂

〈解説〉 防火水槽は消防用水に該当する（P.88表参照）。

問題16　消防の用に供する設備の内，避難設備に該当するものとして誤っているものは次のうちどれか。
- (1)　誘導灯
- (2)　誘導標識
- (3)　自動火災報知設備
- (4)　緩降機

〈解説〉 自動火災報知設備は警報設備に該当する。

問題17　消火活動上必要な施設に該当する設備として誤っているものは次のうちどれか。
- (1)　無線通信補助設備
- (2)　排煙設備
- (3)　動力消防ポンプ設備
- (4)　非常コンセント設備

〈解説〉 動力消防ポンプ設備は消防の用に供する設備の内の消火設備に該当する。

問題18　消防法令に関する記述として，誤っているものは次のうちどれか。
- (1)　準耐火構造の開口部のない壁で区画した場合，その部分は別の防火対象物として取り扱うことが出来る。
- (2)　複合用途防火対象物では原則用途ごとに別の防火対象物として消防用設備の設置を考える。

解答　問題15（2）　問題16（3）　問題17（3）

(3) 複合用途防火対象物であっても非常警報設備については一棟全体で設
置単位とする。

(4) 複合用途防火対象物であってもガス漏れ火災警報設備については一棟
全体で設置単位とする。

〈解説〉 耐火構造の開口部のない床または壁で区画した場合，その部分は別の
防火対象物として消防用設備の設置義務が生じる。

問題19 消防法令に関する記述として，誤っているものは次のうちどれか。

(1) 地下街の一部に特定防火対象物の地階（消防長等が認めるもの）が存
在する場合，その部分に設置するスプリンクラー設備は地下街として
設置する。

(2) 市町村条例では消防設備に関する基準を緩和することが出来る。

(3) 重要文化財に設置されている自動火災報知設備は常に改正後の基準に
適合させる。

(4) 改正後，主要構造部の壁を1/2を超えて大規模模様替えを行った非特定
防火対象物は遡及適用を受ける。

〈解説〉

(1) スプリンクラー設備，自動火災報知設備，ガス漏れ火災警報設備，非
常警報設備については地下街として設置する。

(2) 緩和ではなく厳しくすることが出来る。

(3) 遡及適用を受ける消防用設備として消火器具及び簡易消火用具，自動
火災報知設備（特定防火対象物，重要文化財のみ），避難器具，誘導灯
及び誘導標識は存在する。

(4) 床面積1,000 m²以上または従前の延べ床面積の1/2以上の増改築もしく
は，主要構造部の壁を1/2を超えて大規模模様替えを行った非特定防火
対象物については遡及適用を受ける。

問題20 消防法令に関する記述として，誤っているものは次のうちどれか。

(1) 着工届は工事開始の10日前までに消防長または消防署長へ届ける。

(2) 設置届は工事完了後14日以内に消防長または消防署長へ届ける。

(3) 着工届は関係者が届出を行う。

解答 問題18（1） 問題19（2）

1

共通法令

演習問題 119

(4) 設置届は関係者が届出を行う。

〈解説〉 着工届は消防設備士が届出を行う。設置届は関係者（所有者，管理者または占有者）が届出を行う。

問題21 設置届に関する記述として誤っているものは次のうちどれか。

(1) 自力避難困難者が入所する施設では面積に関係なく届出が必要である。
(2) 延べ床面積が300 m²以上の特定防火対象物は届出が必要である。
(3) 延べ床面積が500 m²以上の非特定防火対象物（消防長等の指定したもの）は届出が必要である。
(4) 特定1階段等防火対象物では面積に関係なく届出が必要である。

〈解説〉 下記に当てはまる場合，設置届の届出が必要となる。
・延べ床面積が300 m²以上の特定防火対象物・延べ床面積が300 m²以上の非特定防火対象物（消防長等の指定したもの）
・2項(ニ)，5項イ，6項イ（病院，診療所で入所施設があるもの），6項ロ，6項ハ（要介護を除く老人ホームまたは保育所で宿泊施設のあるもの）
・前項の用途を含む複合用途防火対象物，地下街，準地下街
・特定1階段等防火対象物

問題22 消防設備点検に関する記述として誤っているものは次のうちどれか。

(1) 6項ロは面積に関わらず有資格者（消防設備士または消防設備点検資格者）が点検を行う。
(2) 延べ床面積が1,000 m²以上の特定防火対象物は有資格者（消防設備士または消防設備点検資格者）が点検を行う。
(3) 延べ床面積が1,000 m²以上の非特定防火対象物は有資格者（消防設備士または消防設備点検資格者）が点検を行う。（消防長等が指定したもの）
(4) 特定1階段等防火対象物は面積に関わらず有資格者（消防設備士または消防設備点検資格者）が点検を行う。

〈解説〉 6項ロの場合でも，特定防火対象物に該当するので延べ床面積が1,000 m²以上の場合，有資格者が点検を行う。

解答 問題20（3） 問題21（3） 問題22（1）

問題23　消防設備点検に関する記述として誤っているものは次のうちどれか。
- (1)　消防設備点検では6カ月に1回ごとに機器点検を行う。
- (2)　消防設備点検では1年に1回ごとに総合点検を行う。
- (3)　特定防火対象物の点検報告書は関係者が1年に1回ごとに消防長または消防署長へ提出する。
- (4)　非特定防火対象物の点検報告書は関係者が1年に1回ごとに消防長または消防署長へ提出する。

〈解説〉　非特定防火対象物の点検報告書は関係者が3年に1回ごとに消防長または消防署長へ提出する。

問題24　消防設備士に関する記述として誤っているものは次のうちどれか。
- (1)　甲種1類は屋内消火栓設備の工事が可能である。
- (2)　甲種3類は二酸化炭素消火設備の整備が可能である。
- (3)　甲種5類は自動火災報知設備の工事が可能である。
- (4)　乙種7類は漏電火災警報器の点検が可能である。

〈解説〉　甲種5類に対応している設備は金属製避難はしご（固定式のみ），救助袋，緩降機である。自動火災報知設備の工事には甲種4類が必要である。

問題25　消防設備士以外でも可能な作業として誤っているものは次のうちどれか。
- (1)　自動火災報知設備における表示灯のランプ交換
- (2)　屋内消火栓設備の配管工事
- (3)　スプリンクラー設備の水源工事
- (4)　ガス漏れ警報器の設置工事

〈解説〉　下記の作業は消防設備士でなくてもよい。
- ・軽微な整備
- ・屋内消火栓設備，屋外消火栓設備，スプリンクラー設備，水噴霧消火設備の電源・水源・配管に関する部分の工事
- ・消防用設備の技術上の基準に関係なく設置・整備する場合

解答　問題23（4）　問題24（3）　問題25（4）

問題26　消防設備士以外でも可能な作業として誤っているものは次のうちどれか。

(1)　動力消防ポンプの工事
(2)　消火器の設置，簡易消火用具の設置
(3)　非常警報設備の工事
(4)　すべり台の工事，誘導灯の工事

〈解説〉　非常警報器具は消防設備士でなくても工事や整備を行うことが出来る。消火器については点検・整備には消防設備士が必要だが設置は資格がなくても可能である。

問題27　消防設備士免状に関する記述として誤っているものは次のうちどれか。

(1)　免状は受験した都道府県の知事から交付を受ける。使用はその都道府県知事だけでなく日本全国で可能。
(2)　免状には交付年月日及び交付番号，免状の種類，居住地の都道府県が記載されている
(3)　免状の書換えは免状を交付した又は居住地か勤務地を管轄する都道府県知事に申請する。
(4)　免状の再交付は免状を交付又は書換えをした都道府県知事に申請する。

〈解説〉　居住地ではなく本籍の都道府県が記載されている。

問題28　消防設備士免状に関する記述として誤っているものは次のうちどれか。

(1)　消防設備士として業務を行う際，免状は携帯しなければならない。
(2)　消防設備士免状の交付を受けた日以降における最初の4月1日から2年以内に都道府県知事の行う講習を受講する必要がある。
(3)　消防設備士免状の交付後の講習を受けた日から5年以内に都道府県知事の行う講習を受講する必要がある。
(4)　消防設備士が法令の規定に違反した場合は，免状を交付した都道府県知事が返納を命じることが出来る。

解答　問題26（3）　問題27（2）　問題28（3）

〈解説〉　消防設備士免状の交付を受けた日以降における最初の4月1日から2年以内に都道府県知事の行う講習を受講する必要がある。

その後，講習を受けた日以降における最初の4月1日から5年以内に都道府県知事の行う講習を受講する必要がある。

問題29　検定制度に関する記述として誤っているものは次のうちどれか。
- （1）　型式承認は総務大臣が行う
- （2）　型式適合検定は日本消防検定協会が行う
- （3）　型式承認を受ければ消防用設備機器具を販売することが出来る。
- （4）　型式承認の効力が失われれば，型式適合検定の合格の効力も失われる。

〈解説〉　型式承認を受けた後，型式適合検定に合格しなければ販売，販売目的での陳列，設置等の使用を禁止されている。

問題30　検定制度における検定対象器具について該当しないものは次のうちどれか。
- （1）　消火薬剤（二酸化炭素を除く）
- （2）　中継器
- （3）　開放型スプリンクラーヘッド
- （4）　住宅用火災警報器

〈解説〉　対象となるのは閉鎖型スプリンクラーヘッドである。

解答　問題29（3）　問題30（3）

2　3類類別法令

要点まとめ

■第3類消火設備　設置基準早見表（防火対象物）

設置対象物（床面積）			消火設備
(13)ロ　飛行機又は回転翼航空機の格納庫			粉末
屋上部分で，回転翼航空機又は垂直離着陸航空機の発着の用に供される部分			
道路（総務省令で定めるもの）の用に供される部分	屋上	600 m²以上	不活性ガス・粉末
	その他	400 m²以上	
自動車の修理又は整備の用に供される部分	地階，2階以上	200 m²以上	不活性ガス・ハロゲン・粉末
	1階	500 m²以上	
駐車の用に供される部分 （同時屋外移動を除く）	地階，2階以上	200 m²以上	不活性ガス・ハロゲン・粉末
	1階	500 m²以上	
	屋上	300 m²以上	
	乗降機等の機械式	10台以上	
発電機，変圧器その他これらに類する電気設備が設置されている部分		200 m²以上	不活性ガス・ハロゲン・粉末
鍛造場，ボイラー室，乾燥室その他多量の火気を使用する部分		200 m²以上	不活性ガス・ハロゲン・粉末
通信機器室		500 m²以上	不活性ガス・ハロゲン・粉末
1000倍以上の指定可燃物	紙類（動植物油を含むものを除く・ゴム）		不活性ガス（全域のみ）
	紙類（動植物油を含むもの），石炭，木炭類		該当設備ナシ
	可燃性固体類，可燃性液体類		不活性ガス・ハロゲン・粉末
	木材加工品，木くず		不活性ガス（全域）・ハロゲン（全域）

■消火設備における消火剤の適応種別

消火剤種別	対象	略号	適応消火剤	
不活性ガス	ボイラー・乾燥炉・鍛錬場の部分	火	二酸化炭素	
	ガスタービンの発電機	電		
	指定可燃物	指		
	その他で面積：1000 m²以上 or 体積：3000 m²以上	面		
	その他		二酸化炭素・窒素・IG-55・IG-541	

消火剤種別	対象	略号	詳細	適応消火剤
ハロゲン化物	ボイラー・乾燥炉・鍛錬場・発電機（ガスタービン）	火		ハロン1301
	自動車修理・駐車場発電機（ガスタービンの発電機を除く）・変圧器	車電	無人 面積：1000 m²以上 体積：3000 m²以上	ハロン1301
			その他	ハロン1301・HFC-23・HFC-227ea・FK-5-1-12
	指定可燃物の貯蔵 or 取り扱い	指		ハロン2402・ハロン1211・ハロン1301

■危険物等に適応する消火設備

製造所の区分		消火剤の種類
ガソリン・灯油・軽油もしくは重油を貯蔵または取り扱う製造所	防護区画の体積が1000 m² 以上	二酸化炭素
		ハロン2402・ハロン1211・ハロン1301
	防護区画の体積が1000 m² 未満	二酸化炭素・窒素・IG-55・IG-541
		ハロン2402・ハロン1211・ハロン1301・HFC-23・HFC-227ea
ガソリン・灯油・軽油もしくは重油以外を貯蔵または取り扱う製造所		二酸化炭素
		ハロン2402・ハロン1211・ハロン1301

3 類 類別法令

Q1 ★★★ □□□ □□□ □□□ 　甲 乙

下記の表の空欄を埋めよ。

■第3類消火設備　設置基準早見表（防火対象物）

設置対象物（床面積）			消火設備
(13)ロ　飛行機又は回転翼航空機の格納庫			(⑫)
屋上部分で，回転翼航空機又は垂直離着陸航空機の発着の用に供される部分			
道路（総務省令で定めるもの）の用に供される部分	屋上	(①)m² 以上	(⑬)
	その他	(②)m² 以上	
自動車の修理又は整備の用に供される部分	地階，2階以上	(③)m² 以上	(⑭)
	1階	(④)m² 以上	
駐車の用に供される部分（同時屋外移動を除く）	地階，2階以上	(⑤)m² 以上	(⑮)
	1階	(⑥)m² 以上	
	屋上	(⑦)m² 以上	
	乗降機等の機械式	(⑧)台以上	
発電機，変圧器その他これらに類する電気設備が設置されている部分		(⑨)m² 以上	(⑯)
鍛造場，ボイラー室，乾燥室その他多量の火気を使用する部分		(⑩)m² 以上	(⑰)
通信機器室		(⑪)m² 以上	(⑱)
1000倍以上の指定可燃物	紙類（動植物油を含むものを除く・ゴム）		(⑲)
	紙類（動植物油を含むもの），石炭，木炭類		(⑳)
	可燃性固体類，可燃性液体類		(㉑)
	木材加工品，木くず		(㉒)

A1

①600　②400　③200　④500　⑤200　⑥500　⑦300　⑧10　⑨200
⑩200　⑪500　⑫粉末　⑬不活性ガス・粉末
⑭不活性ガス・ハロゲン・粉末　⑮不活性ガス・ハロゲン・粉末
⑯不活性ガス・ハロゲン・粉末　⑰不活性ガス・ハロゲン・粉末
⑱不活性ガス・ハロゲン・粉末　⑲不活性ガス（全域のみ）
⑳該当設備ナシ　㉑不活性ガス・ハロゲン・粉末
㉒不活性ガス（全域）・ハロゲン（全域）

設置対象物（床面積）			消火設備
(13)ロ　飛行機又は回転翼航空機の格納庫			粉末
屋上部分で，回転翼航空機又は垂直離着陸航空機の発着の用に供される部分			
道路（総務省令で定めるもの）の用に供される部分	屋上	600 m²以上	不活性ガス・粉末
	その他	400 m²以上	
自動車の修理又は整備の用に供される部分	地階，2階以上	200 m²以上	不活性ガス・ハロゲン・粉末
	1階	500 m²以上	
駐車の用に供される部分（同時屋外移動を除く）	地階，2階以上	200 m²以上	不活性ガス・ハロゲン・粉末
	1階	500 m²以上	
	屋上	300 m²以上	
	乗降機等の機械式	10台以上	
発電機，変圧器その他これらに類する電気設備が設置されている部分		200 m²以上	不活性ガス・ハロゲン・粉末
鍛造場，ボイラー室，乾燥室その他多量の火気を使用する部分		200 m²以上	不活性ガス・ハロゲン・粉末
通信機器室		500 m²以上	不活性ガス・ハロゲン・粉末
1000倍以上の指定可燃物	紙類（動植物油を含むものを除く・ゴム）		不活性ガス（全域のみ）
	紙類（動植物油を含むもの），石炭，木炭類		該当設備ナシ
	可燃性固体類，可燃性液体類		不活性ガス・ハロゲン・粉末
	木材加工品，木くず		不活性ガス（全域）・ハロゲン（全域）

Q2 ★★★ □□□ □□□ □□□ 　甲 乙

下記の表の穴を埋めよ。

消火設備における消火剤の適応種別		
消火剤種別	対象	適応消火剤
不活性ガス	ボイラー・乾燥炉・鍛錬場の部分	（③）
	ガスタービンの発電機	
	指定可燃物	
	その他で面積：（①）m²以上 or 体積：（②）m²以上	
	その他	（④）

消火剤種別	対象	詳細	適応消火剤
ハロゲン化物	ボイラー・乾燥炉・鍛錬場・発電機（ガスタービン）		（⑦）
	自動車修理・駐車場発電機（ガスタービンの発電機を除く）・変圧器	無人 面積：（⑤）m²以上 体積：（⑥）m²以上	（⑧）
		その他	（⑨）
	指定可燃物の貯蔵 or 取り扱い		（⑩）

①1000　②3000　③二酸化炭素　④二酸化炭素・窒素・IG-55・IG-541

⑤1000　⑥3000　⑦ハロン1301　⑧ハロン1301

⑨ハロン1301・HFC-23・HFC-227ea・FK-5-1-12

⑩ハロン2402・ハロン1211・ハロン1301

消火設備における消火剤の適応種別			
消火剤種別	対象	適応消火剤	
不活性ガス	ボイラー・乾燥炉・鍛錬場の部分	二酸化炭素	
	ガスタービンの発電機		
	指定可燃物		
	その他で面積：1000 m²以上 or 体積：3000 m²以上		
	その他	二酸化炭素・窒素・IG-55・IG-541	

消火剤種別	対象	詳細	適応消火剤
ハロゲン化物	ボイラー・乾燥炉・鍛錬場・発電機（ガスタービン）		ハロン1301
	自動車修理・駐車場発電機（ガスタービンの発電機を除く）・変圧器	無人 面積：1000 m²以上 体積：3000 m²以上	ハロン1301
		その他	ハロン1301・HFC-23・HFC-227ea・FK-5-1-12
	指定可燃物の貯蔵 or 取り扱い		ハロン2402・ハロン1211・ハロン1301

Q 3 ★★★ □□□ □□□ □□□ 　甲 乙

下記の表の穴を埋めよ。

危険物等に適応する消火設備		
製造所の区分		消火剤の種類
ガソリン・灯油・軽油もしくは重油を貯蔵または取り扱う製造所	防護区画の体積が（①）m²以上	（③）
		（④）
	防護区画の体積が（②）m²未満	（⑤）
		（⑥）
ガソリン・灯油・軽油もしくは重油以外を貯蔵または取り扱う製造所		（⑦）
		（⑧）

A 3

①1000　②1000　③二酸化炭素　④ハロン2402・ハロン1211・ハロン1301

⑤二酸化炭素・窒素・IG-55・IG-541

⑥ハロン2402・ハロン1211・ハロン1301・HFC-23・HFC-227ea

⑦二酸化炭素　⑧ハロン2402・ハロン1211・ハロン1301

危険物等に適応する消火設備		
製造所の区分		消火剤の種類
ガソリン・灯油・軽油もしくは重油を貯蔵または取り扱う製造所	防護区画の体積が1000 m²以上	二酸化炭素
		ハロン2402・ハロン1211・ハロン1301
	防護区画の体積が1000 m²未満	二酸化炭素・窒素・IG-55・IG-541
		ハロン2402・ハロン1211・ハロン1301・HFC-23・HFC-227ea
ガソリン・灯油・軽油もしくは重油以外を貯蔵または取り扱う製造所		二酸化炭素
		ハロン2402・ハロン1211・ハロン1301

2

3類類別法令

問題1 図のような複合用途防火対象物において，不活性ガス消火設備を設置する場合，法令上設置義務を有する上で適切な組み合わせは次のうちどれか。なお，駐車場については駐車するすべての車両が同時に屋外に出ることができる構造の階ではないものとする。

ア	5階	乾燥室 150 m^2
イ	4階	変圧器室　250 m^2
ウ	3階	通信機器室　　400 m^2
エ	2階	駐車場　　400 m^2
オ	1階	駐車場　　400 m^2
カ	地階	駐車場 150 m^2

(1) アイ　　(2) イウ　　(3) イエ　　(4) オカ

〈解説〉

ア：乾燥室は床面積200 m^{2}以上で設置が必要である。

イ：変圧器室は床面積200 m^{2}以上で設置が必要である。

ウ：通信機器室は床面積500 m^{2}以上で設置が必要である。

エ：駐車場の2階は床面積200 m^{2}以上で設置が必要である。

オ：駐車場の1階は床面積500 m^{2}以上で設置が必要である。

カ：駐車場の地階は床面積200 m^{2}以上で設置が必要である。

※ P124■**設置基準早見表**参照

問題2 防火対象物又はその部分に設置する消火設備において，消防法令上誤っているのは次のうちどれか。

(1) 自動車修理又は整備に供する1階部分（床面積500 m^{2}以上）にハロゲン化物消火設備を設置した。

(2) ボイラー室（床面積200 m^{2}以上）に局所放出方式の粉末消火設備を設置した。

(3) 通信機器室（床面積500 m^{2}以上）に移動式の粉末消火設備を設置した。

(4) 回転翼航空機の格納庫に全域放出方式の不活性ガス消火設備を設置した。

解答 問題1（3）　問題2（4）

〈解説〉　回転翼航空機の格納庫に設置できる消火設備は泡消火設備又は粉末消火設備のみである。

問題3　粉末消火設備を設置する必要があるものは次のうちどれか。
(1)　防火対象物の道路の用に供する部分の屋上で床面積が500 m²のもの
(2)　防火対象物のボイラー室で床面積が300 m²のもの
(3)　防火対象物の発電機室で床面積が200 m²のもの
(4)　防火対象物の通信機器室で床面積が500 m²のもの

〈解説〉　防火対象物の道路の用に供する部分の屋上で床面積が600 m²以上，それ以外の部分は400 m²以上で水噴霧消火設備，泡消火設備，不活性ガス消火設備，粉末消火設備のいずれかを設置する必要がある。

問題4　不活性ガス消火設備，ハロゲン化物消火設備または粉末消火設備に関する記述として誤っているものは次のうちどれか。
(1)　移動式の不活性ガス消火設備に使用する消火剤を二酸化炭素とした。
(2)　局所放出方式の不活性ガス消火設備に使用する消火剤を窒素とした。
(3)　局所放出方式のハロゲン化物消火設備に使用する消火剤をハロン1301とした。
(4)　移動式の粉末消火設備に使用する消火剤を第三種粉末とした。

〈解説〉　不活性ガス消火設備の局所放出方式に使用する消火剤は二酸化炭素のみである。

問題5　防火対象物またはその部分に設置する消防用設備について，消防法令上誤っているものを次の中から答えよ。
(1)　飛行機の格納庫に不活性ガス消火設備を設ける。
(2)　平屋建てで床面積500 m²の自動車修理工場にハロゲン化物消火設備を設ける。
(3)　通信機器室に不活性ガス消火設備を設ける。
(4)　変圧器が設置されている部分の床面積が200 m²の室に粉末消火設備を設ける。

解答　問題3（1）　問題4（2）　問題5（1）

〈解説〉　飛行機の格納庫には泡消火設備又は粉末消火設備を設けなければならない。

問題6　駐車の用に供される部分において，不活性ガス消火設備その他適応設備を設ける場合，消防法令上設置が不要なものを次の中から答えよ。

(1)　平屋　　　　　床面積500 m²

(2)　2階　　　　　床面積300 m²

(3)　屋上部分　　　床面積200 m²

(4)　機械式駐車場において，車両の収容台数が14台のもの

〈解説〉　屋上部分にあっては床面積300 m²以上であれば設置義務がある。

問題7　危険物施設に設置する消防設備のうち窒素を放射する不活性ガス消火設備を設けることのできるものとして誤っているものを次の中から答えよ。

(1)　エタノールを貯蔵する製造所で防護区画の体積が500 m³のもの

(2)　灯油を貯蔵する製造所で防護区画の体積が600 m³のもの

(3)　ガソリンを取り扱う製造所で防護区画の体積が700 m³のもの

(4)　軽油を取り扱う製造所で防護区画の体積が800 m³のもの

〈解説〉　エタノールは面積に関係なく窒素消火設備を設けることは出来ない。

解答　問題6　(3)　問題7　(1)

構造・機能及び工事
又は整備の方法

●ここからが消防設備士第3類の本番です。ここから先の内容は筆記試験だけ
でなく，実技試験にもよく出題されます。ですのでキーワードをしっかりと
頭に入れて実技試験でも対応出来るような実力を付けてください。

　数字を覚えるのも本当に苦労すると思いますが，皆さんが逃げたくなると
ころは試験でよく出題されるので必ず覚えていただきたいです。

1 構造・機能及び工事又は整備の方法

要点まとめ

不活性ガス消火設備【全域放出方式】

■消火剤量：二酸化炭素

防火対象物 or その部分		消火剤量／防護区画の体積1 m³〔kg〕	消火剤量の最低限〔kg〕	消火剤付加量／開口部1 m³〔kg〕
通信機器室		1.20	–	10
指定可燃物（可燃性固体,可燃性液体を除く）	可燃物（綿花,紙くず 等）	2.70	–	20
	木工加工品,木くず	2.00	–	15
	合成樹脂類（可燃性ゴム 等）	0.75	–	5
防護区画の体積	50 m³未満	1.00	–	5
	50 m³以上 150 m³未満	0.90	50	5
	150 m³以上 1500 m³未満	0.80	135	5
	1500 m³以上	0.75	1200	5

■消火剤量：窒素，IG-55，IG-541

消火剤種別	消火剤量／防護区画の体積1 m³〔kg〕
窒素	0.516〜0.740
IG-55	0.477〜0.562
IG-541	0.472〜0.562

■消火剤量：10%試験

消火剤種別	消火剤量／防護区画の体積1 m³〔kg〕
二酸化炭素	55
窒素，IG-55，IG-541	100

不活性ガス消火設備【局所放出方式】

局所放出方式　使用可	二酸化炭素
局所放出方式　使用不可	窒素，IG-55，IG-541

■必要消火剤量

面積方式 （可燃性固体，可燃性液体）	必要消火剤量〔kg〕
	必要消火剤量〔kg〕＝防護対象物の表面積〔m²〕×13×液面係数

※防護対象物の表面積〔m²〕：1辺0.6 m以下の場合，0.6 mとする

液面係数	高圧式	低圧式
	1.4	1.1

体積方式 （その他）	必要消火剤量〔kg〕	
	必要消火剤量〔kg〕＝防護空間の体積〔m³〕×（8－6a/A）×液面係数	
	a	A
	防護対象物の周囲に実際に設けられている壁量	防護空間の壁の面積（壁のない部分についても、あると仮定した場合の面積）

※防護空間の体積〔m³〕：防火対象物すべてから0.6 m離れた部分によって囲まれた空間とする

ハロゲン化物消火設備【全域放出方式】

■消火剤量：ハロン系

防火対象物 or その部分		消火剤の種類	消火剤量／防護区画の体積 1 m³〔kg〕	消火剤付加量／開口部 1 m³〔kg〕
通信機器室，自動車関連，電気設備，火気使用設備（乾燥室，ボイラー室　等）		ハロン1301	0.32	2.4
指定可燃物	木工加工品，木くず	ハロン1211	0.60	4.5
		ハロン1301	0.52	3.9
	合成樹脂類（可燃性ゴム等）	ハロン1211	0.36	2.7
		ハロン1301	0.32	2.4
	可燃性固体，可燃性液体	ハロン2402	0.40	3.0
		ハロン1211	0.36	2.7
		ハロン1301	0.32	2.4

■消火剤量：HFC-23，HFC-227ea，FK-5-1-12

消火剤種別	消火剤量／防護区画の体積1 m³〔kg〕
HFC-23	0.52～0.80
HFC-227ea	0.55～0.72
FK-5-1-12	0.84～1.46

■消火剤量：10%試験

消火剤種別	消火剤量／防護区画の体積1 m³〔kg〕
ハロン2402	9
ハロン1211	15
ハロン1301	16
HFC-23	34
HFC-227ea	14
FK-5-1-12	8

ハロゲン化物消火設備【局所放出方式】

局所放出方式　使用可	ハロン2402，ハロン1211，ハロン1301
局所放出方式　使用不可	HFC-23，HFC-227ea，FK-5-1-12

■必要消火剤量

	必要消火剤量〔kg〕		
面積方式 **（可燃性固体，可燃性液体）**	必要消火剤量〔kg〕＝防護対象物の表面積〔m²〕 ×K×C		
	消火剤種別	K	C
	ハロン2402	8.8	1.10
	ハロン1211	7.6	1.10
	ハロン1301	6.8	1.25

	必要消火剤量〔kg〕		
体積方式 **（その他）**	必要消火剤量〔kg〕＝防護対象物の体積〔m³〕× (X − Ya/A)×C		
	消火剤種別	X	Y	C
	ハロン2402	0.52	3.9	1.10
	ハロン1211	0.44	3.3	1.10
	ハロン1301	0.40	3.0	1.25
	a	A	
	防護対象物の周囲に実際設けられている壁量	防護空間の壁の面積（壁のない部分についても，あると仮定した場合の面積）	

粉末消火設備【全域放出方式】

■消火剤量：粉末

消火剤種別	消火剤量／防護区画の体積 1 m³〔kg〕	消火剤量／開口部 1 m²〔kg〕
第 1 種粉末	0.60	4.5
第 2 種粉末	0.36	2.7
第 3 種粉末		
第 4 種粉末	0.24	1.8

粉末消火設備【局所放出方式】

	必要消火剤量〔kg〕			
	必要消火剤量〔kg〕＝防護対象物の表面積〔m²〕× K ×1.1			
面積方式	消火剤種別	K		
	第 1 種粉末	8.8		
	第 2 種粉末	5.2		
	第 3 種粉末			
	第 4 種粉末	3.6		

	必要消火剤量〔kg〕			
	必要消火剤量〔kg〕＝防護対象物の体積〔m³〕×（X − Ya/A）×1.1			
体積方式	消火剤種別	X	Y	a	A
	第 1 種粉末	5.2	3.9	防護対象物の周囲に実際設けられている壁量	防護空間の壁の面積（壁のない部分についても，あると仮定した場合の面積）
	第 2 種粉末	3.2	2.4		
	第 3 種粉末				
	第 4 種粉末	2.0	1.5		

その他

■貯蔵容器の充填比

消火剤種別		充填比の範囲	消火剤種別	充填比の範囲
二酸化炭素	高圧式	1.5〜1.9	HFC-227ea	0.9〜1.6
	低圧式	1.1〜1.4	HFC-23	1.2〜1.5
	起動用ガス容器	1.5以上	FK-5-1-12	0.7〜1.6
ハロン2402	加圧式	0.51〜0.67	第1種粉末	0.85〜1.45
	蓄圧式	0.67〜2.75	第2種粉末	1.05〜1.75
ハロン1211		0.7〜1.4	第3種粉末	
ハロン1301		0.9〜1.6	第4種粉末	1.50〜2.50

■ヘッドの噴射圧力と放射時間

消火剤種別	噴射ヘッドの放射圧力		放射時間		
二酸化炭素	高圧式	1.4 MPa 以上	全域	通信機器室	3.5分以内
				指定可燃物	7分以内
	低圧式	0.9 MPa 以上		その他	1分以内
			局所		30秒以内
窒素, IG-55, IG-541	1.9 MPa 以上		全域	9/10以上の量	1分以内
ハロン2402	0.1MPa 以上		全域＋局所		30秒以内
ハロン1211	0.2 MPa 以上		全域＋局所		
ハロン1301	0.9 MPa 以上		全域＋局所		
HFC-23	0.9 MPa 以上		全域		10秒以内
HFC-227ea	0.3 MPa 以上		全域		
FK-5-1-12	0.3 MPa 以上		全域		
第1種粉末	0.1MPa 以上		全域＋局所		30秒以内
第2種粉末					
第3種粉末					
第4種粉末					

■移動式ホース，ノズル開閉弁及びホースリールの基準（温度20℃の場合）

消火設備種別	消火剤種別	放射量（kg／分）
不活性ガス消火設備	二酸化炭素	60
ハロゲン化物消火設備	ハロン2402	45
	ハロン1211	40
	ハロン1301	35
粉末消火設備	第1種粉末	45
	第2種粉末	27
	第3種粉末	
	第4種粉末	18

■移動式における防護対象物の各部から1つのホース接続口までの距離

消火設備種別	消火剤種別	距離（m）
不活性ガス消火設備	二酸化炭素	15
ハロゲン化物消火設備	ハロン2402	20
	ハロン1211	
	ハロン1301	
粉末消火設備	第1種粉末	15
	第2種粉末	
	第3種粉末	
	第4種粉末	

不活性ガス消火設備

Q1 ★★☆ □□□ □□□ □□□ 　甲乙

次の表を完成させよ。

消火剤の種類	化学式	混合比率	貯蔵状態
二酸化炭素	①	⑤	⑨
窒素	②	⑥	⑩
IG-55	③	⑦	⑪
IG-541	④	⑧	⑫

A1

① CO_2　② N_2　③ $N_2 + Ar$　④ $N_2 + Ar + CO_2$　⑤100 %　⑥100 %
⑦50 %＋50 %　⑧52 %＋40 %＋ 8 %　⑨液体　⑩気体　⑪気体
⑫気体

窒素・IG-55・IG-541 については「イナートガス」と呼
ばれている
二酸化炭素は高圧縮すると液化する！
二酸化炭素は非伝導性である！

Q2 ★★☆ □□□ □□□ □□□ 　甲乙

次の文章の穴を埋めよ。

　不活性ガスの消火原理は（ ① ）・（ ② ）である。全域放出方式に対応す
る消火剤は（ ③ ）であり，局所放出型に対応する消火剤は（ ④ ）である。

A2 　P.217 　重要用語集 Point 1.2 も参照

①窒息　②冷却　③二酸化炭素・窒素・IG-55・IG-541　④二酸化炭素

全域放出方式は防護区画（不燃材料（壁・柱・床・天井）
で区画され，開口部に自動閉鎖装置がある）に設けた噴
射ヘッドから必要な量の消火薬剤を放射する方式である

Q 3　★★☆　□□□　□□□　□□□　　甲乙

次の文章の穴を埋めよ。

空気中には約（　①　）％の酸素があり，濃度が（　②　）％まで下がると火が消える。これを（　③　）消火という。

A 3

①21　②14〜15　③希釈窒息

酸素濃度が 16 ％以下になると人体に影響を及ぼす！
酸素濃度が 9 ％以下になると死亡する！

Q 4　★★☆　□□□　□□□　□□□　　甲乙

次の文章の穴を埋めよ。

防護区域とは（　①　）で作られた壁・柱・床・天井によって区画し，開口部に（　②　）装置を設ける区域区分。

A 4　P.217　Point 3 も参照

①不燃材料　②自動閉鎖

Q 5　★★★　□□□　□□□　□□□　　甲乙

次の文章の穴を埋めよ。

全域放出方式は（　①　）装置により開口部を閉め切り，消火剤を噴射される。（　②　）は（　①　）装置を設けないことが出来る。

A 5

①自動閉鎖　②二酸化炭素消火設備

二酸化炭素消火設備の二酸化炭素は麻酔性があり、ある一定以上の濃度に達すると人命への危険を伴う！また消火効果が高い！
二酸化炭素消火設備は原則として手動式（直接起動式 or 遠隔起動式）とする！

Q6 ★☆☆ □□□ □□□ □□□ 甲 乙

次の文章の穴を埋めよ。

二酸化炭素消火設備は原則として（ ① ）起動式又（ ② ）起動式による手動式とする。しかし，（ ③ ）の場合又は，特定の人しか出入りできない場合は自動式とする。自動式とする場合，「感知器は（ ④ ）であること。」「（ ⑤ ）から遠隔起動が可能であること。」「（ ⑥ ）の表示が出来ること。」「（ ⑥ ）の切替えは（ ⑦ ）等により行うこと。」

A6 　P.218 　Point 4 も参照

①直接　②遠隔　③無人　④異種の AND 回路　⑤受信機
⑥自動及び手動　⑦カギ

Q7 ★★★ □□□ □□□ □□□ 甲 乙

表を完成させよ。

消火剤量：二酸化炭素			
防火対象物 or その部分	消火剤量/防護区画の体積 1 m³〔kg〕	消火剤量の最低限〔kg〕	消火剤付加量/開口部 1 m²〔kg〕
通信機器室	①	⑨	⑰
指定可燃物（可燃性固体，可燃性液体　を除く）　可燃物（綿花，紙くず等）	②	⑩	⑱
木工加工品，木くず	③	⑪	⑲
合成樹脂類（可燃性ゴム　等）	④	⑫	⑳
防護区画の体積　50 m³未満	⑤	⑬	㉑
50 m³以上 150 m³未満	⑥	⑭	㉒
150 m³以上 1500 m³未満	⑦	⑮	㉓
1500 m³以上	⑧	⑯	㉔

全域放出方式の二酸化炭素の必要消火剤量は
この表のように定められている

A 7　P.136　■消火剤量・二酸化炭素　参照

① 1.2	② 2.7	③ 2.0	④ 0.75	⑤ 1.0	⑥ 0.9
⑦ 0.8	⑧ 0.75	⑨ －	⑩ －	⑪ －	⑫ －
⑬ －	⑭ 50	⑮ 135	⑯ 1200	⑰ 10	⑱ 20
⑲ 15	⑳ 5	㉑ 5	㉒ 5	㉓ 5	㉔ 5

指定可燃物とは、規定量以上が存在することで発生した
火災の拡大が早く消防隊による消火活動が著しく困難に
なるもの！
本問題集における、表を完成させる問題は本試験で計算
問題と混合して出題されることが多い！確実に表で押さ
えておく

Q 8　★★★　□□□　□□□　□□□　　甲乙

表を完成させよ。

消火剤量：窒素，IG-55，IG-541	
消火剤種別	消火剤量/防護区画の体積 1 m³〔kg〕
窒素	①
IG-55	②
IG-541	③

A 8　P.136　■消火剤量：窒素，IG-55，IG-541　参照

① 0.516〜0.740　　② 0.477〜0.562　　③ 0.472〜0.562

Q9 ★★★ □□□ □□□ □□□ 甲 乙

次の文章の穴を埋めよ。

不活性ガス消火設備のうち，（ ① ）は自動閉鎖装置により開口部を閉じる。

A9

①窒素，IG-55，IG-541（二酸化炭素は例外）

Q10 ★☆☆ □□□ □□□ □□□ 甲 乙

次の文章の穴を埋めよ。

局所放出方式において，面積方式の必要消火剤量〔kg〕の式は下記の通りである。

（ ① ）×（ ② ）×（ ③ ）

（ ① ）は一辺の長さが（ ④ ）m 以下の場合（ ⑤ ）m として計算する。

（ ③ ）の値において高圧式のものは（ ⑥ ）。低圧式のものは（ ⑦ ）。

A10

①防護対象物の表面積　②13　③液体係数　④0.6　⑤0.6　⑥1.4
⑦1.1

局所放出方式は「防護対象物の周囲に壁がない」or「壁があっても全域放出方式が採用できない」場合にとられる方式である。防護対象物の周囲に一定時間局所的に消火剤を放射する

Q11 ★☆☆ □□□ □□□ □□□ 甲 乙

次の文章の穴を埋めよ。

局所放出方式において，体積方式の必要消火剤量〔kg〕の式は下記の通りである。

（ ① ）×（（ ② ）－（ ③ ）a/A）×（ ④ ）

a：防護対象物の周囲に実際設けられている壁量

A：防護空間の壁の面積（壁のない部分についても，あると仮定した場合の面積）

（ ① ）：防護対象物のすべての部分から（ ⑤ ）m 離れた部分

A11

①防護空間の体積　②8　③6　④液体係数　⑤0.6

Q12 ★★★ □□□ □□□ □□□ 甲乙

次の図の各部名称を答えよ。

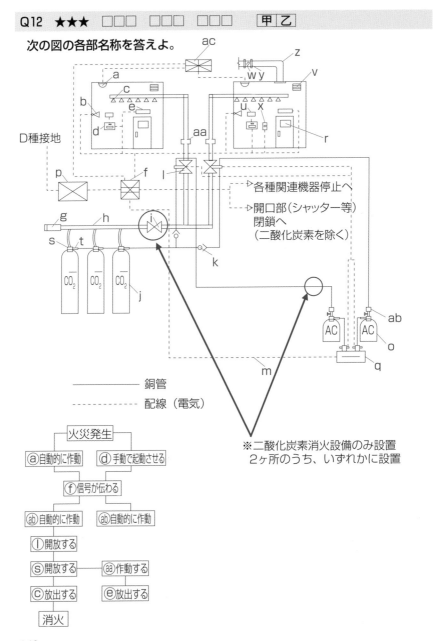

―――――― 銅管

- - - - - - - 配線（電気）

※二酸化炭素消火設備のみ設置
2ヶ所のうち、いずれかに設置

A12　P.218　重要用語集 Point 5 も参照

a：火災感知器　　　　　b：音声警報装置　　c：噴射ヘッド
d：手動式起動装置（操作盤）　e：放出表示灯　　f：制御盤
g：安全装置　　　　　　h：集合管　　　　　i：閉止弁
j：消火剤貯蔵容器　　　k：逆止弁　　　　　l：選択弁
m：起動回路　　　　　　n：起動操作管　　　o：起動用ガス容器
p：蓄電池 or 自家発 or 燃料電池　q：端子箱　　　r：注意銘板
s：容器弁　　　　　　　t：容器弁開放器　　u：標識版
v：避圧ダンパー　　　　w：ピストンレリーザ　x：復旧弁箱
y：ダンパー　　　z：ダクト　　aa：圧力スイッチ
ab：容器弁開放器（ソレノイド）ac：火災受信機

 イナートガスについては閉止弁は設けなくてよい！

1

構造・機能及び工事又は整備の方法

選択弁

ダンパー復旧弁
（通常）

圧力スイッチ

選択弁上部

放出区画の名称

ダンパー復旧弁
（開放）

容器弁開放器
ソレノイド

リリーフ弁

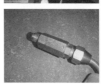

逆止弁

容器弁付属品　押輪

Q13 ★★★ □□□ □□□ □□□ 甲乙

次の文章の穴を埋めよ。

二酸化炭素を放射するものは，点検時の安全を確保するため，（ ① ）が設けられている。

A13

①閉止弁

オゾン層破壊による環境問題の見地からハロン消火剤の使用が制限され，二酸化炭素消火設備が見直されることとなったが，点検時の死亡事故等の発生があり，特に厳しい安全対策を要している！

Q14 ★☆☆ □□□ □□□ □□□ 甲乙

次の文章の穴を埋めよ。

防護区画の換気装置（ダクト）は，消火剤放射前に停止できる構造とする。また，放出された消火剤及び（ ① ）を安全な場所に排出するための（ ② ）を設ける。

A14

①火災による燃焼ガス　②避圧ダンパー

避圧ダンパー

Q15 ★★☆ □□□ □□□ □□□ 甲乙

次の文章の穴を埋めよ。

下記の記述は，二酸化炭素を放出する防護区画の開口部について述べたものである。

・（ ① ）又は（ ② ）の場所に面する部分に設けてはならない。

・床面からの高さが（ ③ ）以下の開口部で消火効果を減ずるもの，又

は保安上の危険のあるものには，（ ④ ）を設ける。

・床面からの高さが（ ③ ）を超える開口部がある場合，（ ④ ）を設ける。

・（ ④ ）を設けない開口部の面積の合計は（ ⑤ ）室 or（ ⑥ ）室の場合，囲壁面積の（ ⑦ ）％以下とする。その他の防護対象物又は，その部分にあっては（ ⑧ ）or（ ⑨ ）のうちいずれは小さいほうの数値の（ ⑩ ）％以下とする。

・不活性ガス消火設備のうち，（ ⑪ ）・（ ⑫ ）・（ ⑬ ）においては放射前に閉鎖できる（ ④ ）を設ける。

A15　P.221　重要用語集 Point 6 も参照

①階段室　②非常用 EV の乗降ロビー　③2/3　④自動閉鎖装置
⑤通信機器　⑥指定可燃物の貯蔵・取り扱い　⑦1　⑧防護区画の体積
⑨囲壁面積　⑩10　⑪窒素　⑫IG-55　⑬IG-541

Q16 ★★★ □□□ □□□ □□□ 　甲乙

次の文章の穴を埋めよ。

不活性ガス消火設備のうち，移動式が認められているのは（ ① ）である。各部からの水平距離は（ ② ）m 以下となるように設ける。火災時，著しく（ ③ ）する恐れのある場所以外に設け，温度（ ④ ）℃において，1 つのノズルにつき毎分（ ⑤ ）kg 以上放射できるものと定められている。貯蔵容器は（ ⑥ ）を設置する場所ごととされており，消火剤の量は 1 つのノズルにつき，（ ⑦ ）kg 以上と定められている。移動式におけるホースの全長は，ノズル部分も含めて（ ⑧ ）m 以上必要である。

移動式二酸化炭素消火設備

①二酸化炭素　②15　③煙の充満　④20　⑤60　⑥ホース　⑦90　⑧20

②と⑧の数値は引掛け問題として、本試験で出題された。数値を入れ替えて出題され易いので注意！
移動式の不活性ガス消火設備は一般的に自走式立体駐車場において見かけることが多い！設置するためには開口部がいる！

Q17 ★★★ □□□ □□□ □□□ 　甲｜乙

下図に関する問題である。下記の文章の穴を埋めよ。

Ⓐには，消火剤を安全に排出する（ ① ）を設ける。

Ⓐから外部に通じる出入口など見やすい部分に放出を知らせる（ ② ）を設ける。

Ⓐの部分に（ ③ ）装置を設ける。

上記において放出された消火剤がⒶへ流れるおそれがない場合，（ ④ ）出来る。

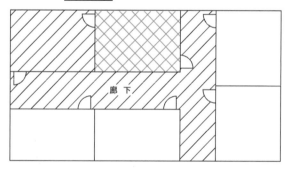

全域放出

廊下

⬛ ： 防護区画（CO_2放出）

⬜ ： 防護区画に隣接部分 — Ⓐ

A17

①避圧ダンパー　②放出表示灯　③音響警報装置（音声警報装置に限る）
④除外

全域放出方式に対する保安措置（二酸化炭素消火設備のみ）として、「遅延時間（20秒以上）」「閉止弁」「隣接への警報・充満」がある！

Q18 ★★★ □□□ □□□ □□□ 　甲乙

次の文章の穴を埋め，表を完成させよ。

点検における放射試験（総合試験）の際の試験用ガスの中身は（ ① ）又は（ ② ）とし，放射量は点検を行う防護区画の（ ③ ）の（ ④ ）％相当の量（下表）を用いる。ただし，試験では設置してある消火剤貯蔵容器と同じ貯蔵容器を使用し，（ ⑤ ）本を超えないこと。

消火剤量：10％試験	
消火剤種別	消火剤量/防護区画の体積 1 m^3 〔kg〕
二酸化炭素	⑥
窒素，IG-55，IG-541	⑦

A18 早見表 参照
①窒素ガス ②空気 ③消火剤必要量 ④10 ⑤5 ⑥55 ⑦100

～Q17の計算例～
窒素を20.3 m^3 充填した容器20本を放射する場合
20.3〔m^3〕× 20〔本〕× 100〔ℓ/m^3〕 = 40600〔ℓ〕
よって，40600 ℓ（＝40.6 m^3）を放射すれば10 ％となる。

Q19 ★★☆ □□□ □□□ □□□ 　甲乙

次の文章の穴を埋めよ。

二酸化炭素消火設備の点検では（ ① ）を閉にしてから点検を行う。
貯蔵容器は設置時から（ ② ）％の減少があれば，（ ③ ）の原因調査と（ ④ ）又は取替えの処置を要する。貯蔵容器保管室は（ ⑤ ）℃以下で温度変化の少ない場所に設ける。遅延時間は（ ⑥ ）秒以上である。

①閉止弁　②10　③漏洩　④再充填　⑤40　⑥20

Q20 ★★★ □□□ □□□ □□□ 　甲｜乙

二酸化炭素消火設備（全域放出方式）を使用する際のフロー図を完成させよ。

火災発生

↓

手動起動装置の扉を開く	→ （①）作動
	→ （②）点灯

↓

在室者の避難確認

↓

手動起動装置の（③）を押す

↓

消火設備起動（遅延時間（④）秒）	→ （⑤）点灯
	→ （⑥）停止

↓

起動用ガス容器起動

↓

（⑦）開放	→ （⑧）閉鎖
	→ （⑨）点灯

↓

ヘッドから放出

↓

消火

A20　P.218　重要用語集 Point 5 も参照

①音響警報装置（音声警報装置に限る）　②火災表示（操作盤など）
③放出スイッチ　④20　⑤起動表示（操作盤など）　⑥給排気ファン
⑦選択弁　⑧ダンパー　⑨放出表示灯

演習問題

問題1 不活性ガス消火設備の消火剤に関する記述として誤っているものは次のうちどれか。

(1) 二酸化炭素の貯蔵状態は液体である。

(2) 窒素の貯蔵状態は液体である。

(3) IG-55は窒素（50 ％）とアルゴン（50 ％）が混合されている。

(4) IG-541は窒素（52 ％）とアルゴン（40 ％）と二酸化炭素（ 8 ％）が混合されている。

〈解説〉 窒素の貯蔵状態は気体である。

消火剤の種類	化学式	混合比率	貯蔵状態
二酸化炭素	CO_2	100 ％	液体
窒素	N_2	100 ％	気体
IG-55	$N_2 + Ar$	50＋50 ％	気体
IG-541	$N_2 + Ar + CO_2$	52＋40＋ 8 ％	気体

問題2 不活性ガス消火設備に関する記述として誤っているものは次のうちどれか。

(1) 局所放出方式の不活性ガス消火設備に使用する消火剤を二酸化炭素とした。

(2) 窒息による消火原理は酸素濃度が14～15 ％まで下がって火が消えることをいう。

(3) 二酸化炭素を放出する際は自動閉鎖装置を設けないことが出来る。

(4) 二酸化炭素消火設備の手動式と自動式の切り替えは制御盤のボタンによって行う。

〈解説〉 切り替えはカギ等によって行うこととされている。

　　二酸化炭素消火設備には手動式と自動式がある。手動式は手動起動装置の押しボタンでしか起動をかけることが出来ない。

　　自動式の場合は下記の条件が決められている。

・感知器を異種の and 回路（ 2 つの感知器が同時に作動して起動信号がか

解答 問題1 （2） 問題2 （4）

かる）
- 受信機から遠隔起動が可能
- 自動及び手動の表示が出来ること
- 切り替えはカギ等によって行うこと

問題3　防火対象物の通信機器室で全域放出方式の二酸化炭素消火設備を設置する際，薬剤量として適切なものは次のうちどれか。
- 防護区画の体積は500 m²とする。
- 自動閉鎖装置を設けない2 m²の開口部がある。
   (1)　220 kg
   (2)　420 kg
   (3)　620 kg
   (4)　820 kg

〈解説〉　通信機器室は体積1 m³当たりの消火剤量は1.2 kg であるから
　　500 ［m³］ ×1.2 ［kg/m³］ ＝600 ［kg］
　　更に 2 m²の開口部があるため，消火剤の付加量を開口部1 m²当たり10 kg で追加する。
　　2 ［m²］ ×10 ［kg/m³］ ＝20 ［kg］
　　600 ［kg］ ＋20 ［kg］ ＝620 ［kg］

問題4　1000 m³のボイラー室に IG-55を設置する際，最低消火剤量として適切なものは次のうちどれか。
   (1)　472 kg
   (2)　477 kg
   (3)　516 kg
   (4)　562 kg

〈解説〉　IG-55の最低消火剤量は1 m³当たり0.477 kg 以上であるため
　　1000 ［m³］ ×0.477 ［kg/m³］ ＝477 ［kg］

問題5　不活性ガス消火設備の開口部で自動閉鎖装置により閉じる必要がないものは次のうちどれか。

解答　問題3 （3）　問題4 （2）

(1) 二酸化炭素消火設備
(2) 窒素消火設備
(3) IG-55消火設備
(4) IG-541消火設備

〈解説〉 二酸化炭素消火設備は必ずしも自動閉鎖装置の開口部でなくてもよい。

問題6 不活性ガス消火設備に関する記述として誤っているものは次のうちどれか。

(1) IG-541は開口部に自動閉鎖装置を設けるため，消火剤の付加を行わない。
(2) 窒素は防護区画の体積 $1\,m^3$ 当たりの消火剤量は $0.516\sim0.740\,m^3$ である。
(3) $100\,m^3$ の機械式駐車場に設ける二酸化炭素消火設備の防護区画の体積 $1\,m^3$ 当たりの消火剤量は $50\,kg$ である。
(4) $100\,m^3$ の機械式駐車場に設ける二酸化炭素消火設備の防護区画の開口部 $1\,m^2$ 当たりの消火剤量は $5\,kg$ である。

〈解説〉 $100\,m^3$ の機械式駐車場に設ける二酸化炭素消火設備の防護区画の体積 $1\,m^3$ 当たりの消火剤量は $0.9\,kg$ である（P.136■**消火剤量：二酸化炭素**）。

問題7 不活性ガス消火設備の局所放出方式に関する記述として誤っているものは次のうちどれか。

(1) 面積方式において防護対象物の表面積は一辺の長さが $0.6\,m$ 以下の場合，$0.6\,m$ とする。
(2) 面積方式において液体係数の値において低圧式のものは1.4とする。
(3) 体積方式において防護対象物の体積はすべての部分から $0.6\,m$ 離れた部分とする。
(4) 局所放出方式は防護対象物の周囲に固定した噴射ヘッドから消火剤を放射するもので，あらかじめ想定された防護対象物を局所的に防護するものである。

解答 問題5（1） 問題6（3） 問題7（2）

〈解説〉 面積方式において液体係数の値において高圧式のものは1.4とし，低圧式のものは1.1とする。

問題8　二酸化炭素消火設備に関する記述として誤っているものは次のうちどれか。

(1)　閉止弁は二酸化炭素消火設備に必ず設置する。
(2)　閉止弁を貯蔵容器と選択弁の間の集合管に設けた。
(3)　選択弁は区画が2つ以上の場合，必ず設置する。
(4)　防護区画の換気装置は，消火剤放射後に停止できる構造であること。

〈解説〉
(1)(2)　閉止弁は二酸化炭素消火設備に必ず設ける。設置する位置としては下記の2つのうち，1か所のみもしくは両方に設ける。
・貯蔵容器と選択弁の間の集合管
・起動用ガス容器と貯蔵容器の間の操作導管
(4)　防護区画の換気装置は，消火剤放射前に停止できる構造であること。また，放出された消火剤や火災の燃焼ガスを完全に安全な場所へ排出するための措置（避圧ダンパー）を講ずる必要がある。

問題9　二酸化炭素消火設備に関する記述として正しいものは次のうちどれか。

(1)　二酸化炭素を放出する防護区画の開口部は階段室の近くに設けてはならない。
(2)　通信機器室において，自動閉鎖装置を設けない開口部面積の合計は囲壁面積の10％以下とする。
(3)　移動式の場合，建物各部から1つのホース接続部まで歩行距離で15 m以下となるように設ける。
(4)　ホースの全長はノズル部分を含めて15 m以上必要である。

〈解説〉
(2)　通信機器室と指定可燃物取り扱い室は，囲壁面積の1％以下とする。その他の防火対象物は防護区画の体積と囲壁面積のうち，いずれか小さいほうの数値の10％以下とする。

解答　問題8（4）　問題9（1）

(3)　歩行距離ではなく水平距離である。

(4)　15 m 以上ではなく，20 m 以上である。

問題10　不活性ガス消火設備の移動式に関する記述として誤っているものは次のうちどれか。

(1)　不活性ガス消火設備の移動式は二酸化炭素のみ認められている。

(2)　温度20 ℃において，1 つのノズルにつき毎分60 kg 以上放射できるものであること。

(3)　消火剤の量は 1 つのノズルにつき60 kg 以上と定められている。

(4)　ホースの全長はノズル部分を含めて20 m 以上必要である。

〈解説〉　消火剤の量は 1 つのノズルにつき90 g 以上と定められている。

問題11　不活性ガス消火設備に関する記述として誤っているものは次のうちどれか。

(1)　放射試験では消火剤必要量の10 ％を放出させる。

(2)　二酸化炭素消火設備の放射試験で使う試験用ガスの消火剤量は50 L/m³とする。

(3)　窒素消火設備の放射試験で使う試験用ガスの消火剤量は100 L/m³とする。

(4)　二酸化炭素消火設備が放射される際の遅延時間は20秒とする。

〈解説〉　二酸化炭素消火設備の放射試験で使う試験用ガスの消火剤量は55 L/m³とする。

■消火剤量：10%試験

消火剤種別	消火剤量／防護区画の体積1 m³〔kg〕
二酸化炭素	55
窒素，IG-55，IG-541	100

解答　問題10 （3）　問題11 （2）

ハロゲン化物消火設備

 ハロン2402・ハロン1211は現在生産を終了している。よって、テスト範囲には一応入っているが勉強時間に余裕がある場合のみ覚える！
2001年にオゾン層を破壊しない2種類の消火剤（HFC-23、HFC-227ea）が追加された。
FK-5-1-12はオゾン破壊係数＝0、地球温暖化係数＝1未満と優れた環境性能を有した「ハロゲン化物消火設備」である。

Q1 ★☆☆ □□□ □□□ □□□ 甲乙

次の文章の穴を埋めよ。

（①）：ジブロモテトラフルオロエタン $C_2F_4Br_2$

（②）：ブロモクロロジフルオロエタン CF_2ClBr

（③）：ブロモトリフルオロエタン CF_3Br

（④）：トリフルオロエタン CHF_3

（⑤）：ヘプタフルオロプロパン C_3HF_7

（⑥）：ドデカフルオロ-2-メチルペンタン-3-オン $C_6F_{12}O$

A1

①ハロン2402 ②ハロン1211 ③ハロン1301 ④HFC-23 ⑤HFC-227ea
⑥FK-5-1-12

Q2 ★★★ □□□ □□□ □□□ 甲乙

次の文章の穴を埋めよ。

ハロゲン化物消火設備の消火原理は（①）であり，局所放出方式ができるものは（②）・（③）・（④）。

A2　P.217　重要用語集 Point1 も参照

①抑制（負触媒）＋窒息 ②ハロン2402 ③ハロン1211 ④ハロン1301

Q 3 ★★★　□□□　□□□　□□□　　甲乙

次の文章の穴を埋めよ。

ハロン1301は近年（　①　）への使用のみ認められている。

A 3

クリティカルユース（必要不可欠な用途）

Q 4 ★☆☆　□□□　□□□　□□□　　甲乙

次の文章の穴を埋めよ。

Q 3の解を詳しく分類分けすると，（　①　）・（　②　）・（　③　）・（　④　）・（　⑤　）・（　⑥　）となる。

A 4

①通信関係諸室　②歴史的遺産物保管室　等　③輪転機がある印刷室
④危険物（塗料）関係諸室　⑤駐車場
⑥その他（研究所・書庫・貴重品）

Q 5 ★☆☆　□□□　□□□　□□□　　甲乙

クリティカルユースにおけるハロン1301の設置判断について述べたものである。下記の文章の穴を埋めよ。

消火設備・機器の設置する部分において，「人が存する部分」の場合で（　①　）が適さない場合。

消火設備・機器の設置する部分において，「人が存しない部分」の場合で（　①　）・（　②　）が適さない場合。

A 5

①水噴霧・泡消火設備
②不活性ガス及びハロン1301以外のハロゲン化物消火設備

表を完成させよ。

消火剤量：ハロン			
防火対象物 or その部分	消火剤の種類	消火剤量/防護区画の体積 1 m³〔kg〕	消火剤付加量/開口部 1 m³〔kg〕
通信機器室，自動車関連，電気設備，火気使用設備（乾燥室，ボイラー室　等）	①	②	③
指定可燃物　木工加工品，木くず	④	⑤	⑥
	⑦	⑧	⑨
指定可燃物　合成樹脂類（可燃性ゴム等）	⑩	⑪	⑫
	⑬	⑭	⑮
指定可燃物　可燃性固体，可燃性液体	⑯	⑰	⑱
	⑲	⑳	㉑
	㉒	㉓	㉔

A 6　P.138　■消火剤量：ハロン系　参照

① ハロン1301	② 0.32	③ 2.4
④ ハロン1211	⑤ 0.6	⑥ 4.5
⑦ ハロン1301	⑧ 0.52	⑨ 3.9
⑩ ハロン1211	⑪ 0.36	⑫ 2.7
⑬ ハロン1301	⑭ 0.32	⑮ 2.4
⑯ ハロン2402	⑰ 0.40	⑱ 3.0
⑲ ハロン1211	⑳ 0.36	㉑ 2.7
㉒ ハロン1301	㉓ 0.32	㉔ 2.4

Q7 ★★★ □□□ □□□ □□□ 　甲乙

表を完成させよ。

消火剤量：HFC-23，HFC-227ea，FK-5-1-12	
消火剤種別	消火剤量/防護区画の体積１ m³〔kg〕
HFC-23	①
HFC-227ea	②
FK-5-1-12	③

A7　P.138　■消火剤量：HFC-23，HFC-227ea，FK-5-1-12　参照

①　0.52〜0.80　　②　0.55〜0.72　　③　0.84〜1.46

Q8 ★★★ □□□ □□□ □□□ 　甲乙

次の文章の穴を埋めよ。

HFC-23，HFC-227ea，FK-5-1-12については開口部が（　①　）することとしており，開口部に対する消火剤加算の補正は認められていない。

A8

①自動的に閉鎖

Q9 ★☆☆ □□□ □□□ □□□ 　甲乙

次の文章の穴を埋めよ。

ハロン2402，ハロン1211，ハロン1301の局所放出方式の必要消火剤量の算出方法には次の２つがある。

〔面積方式〕

必要消火剤量〔kg〕＝（　①　）×（　②　）×（　③　）

〔体積方式〕

必要消火剤量〔kg〕＝（　④　）×（（　⑤　）－（　⑥　）a/A）×（　⑦　）

　　　　　　　　a：防護対象物の周囲に実際設けられている壁量

　　　　　　　　A：防護空間の壁の面積（壁のない部分についても，あると仮定した場合の面積）

（　④　）：防護対象物のすべての部分から（　⑧　）m離れた部分

①防護対象物の表面積〔m²〕　②算出係数（K）　③液体係数（C）
④防護空間の体積　⑤8　⑥6　⑦液体係数（C）　⑧0.6

Q10 ★☆☆ □□□ □□□ □□□ 　甲乙

Q 9の解に該当するK・Cの数値表を完成させよ。

種類	K	C
ハロン2402	①	④
ハロン1211	②	
ハロン1301	③	⑤

A10　P.139　■必要消火剤量　参照

①　8.8　　②　7.6　　③　6.8　　④　1.1　　⑤　1.25

Q11 ★★★ □□□ □□□ □□□ 　甲乙

次の文章の穴を埋めよ。

ハロゲン化物消火設備の構成は不活性ガス消火設備とほぼ同様であるが，（　①　）弁は存在しない。

A11

①閉止

Q12 ★☆☆ □□□ □□□ □□□ 　甲乙

防護区画の開口部について（ハロン2402，ハロン1211，ハロン1301）（全域放出方式）下記の文章の穴を埋めなさい。

床面から（　①　）以下の開口部で，放射した消火剤により（　②　）の恐れのあるもの又は（　③　）上の危険があるものには放射前に閉鎖できる（　④　）装置を設けること。

上記について（　④　）装置を設けない開口部の面積の合計の数値は，（　⑤　）室 or（　⑥　）室の部分にあっては（　⑦　）面積の数値の（　⑧　）％以下。その他の防火対象物又はその部分にあっては，（　⑨　）又は（　⑩　）のうち小さい方の数値の（　⑪　）％以下であること。

A12

①2/3　②消火効果の減少　③保安　④自動閉鎖　⑤通信機器
⑥指定可燃物の貯蔵・取扱　⑦囲壁　⑧1　⑨防護区画の体積
⑩囲壁面積　⑪10

Q13 ★★★ □□□ □□□ □□□ 甲 乙

次の文章の穴を埋めよ。

ハロゲン化物消火設備のうち，（ ① ）については二酸化炭素より安全であるため，（ ② ）をサイレン音などの（ ③ ）にすることができる。また，（ ④ ）装置を設けなくてもよく，（ ⑤ ）室・（ ⑥ ）などに面する場所にも設置できる。

A13

①ハロン1301　②音声警報装置　③音響警報装置　④遅延　⑤階段
⑥非常用 EV の乗降ロビー

Q14 ★★★ □□□ □□□ □□□ 甲 乙

次の文章の穴を埋めよ。

HFC-23，HFC-227ea，FK5-1-12には開口部に（ ① ）装置を設ける。

A14

①自動閉鎖

Q15 ★★☆ □□□ □□□ □□□ 甲 乙

次の文章の穴を埋めよ。

立体駐車場の場合，火災感知器はスポット型ではなく（ ① ）を使う。

A15

①空気管式

次の図の各部名称を答えよ。

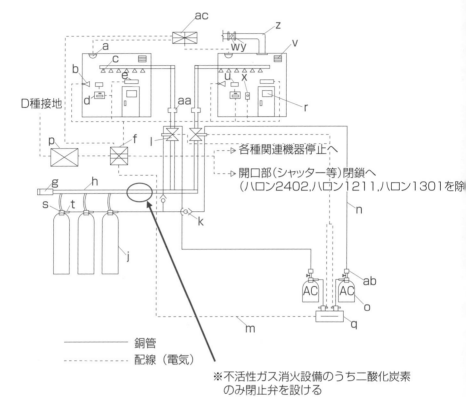

――――― 銅管
- - - - - 配線（電気）

※不活性ガス消火設備のうち二酸化炭素
　のみ閉止弁を設ける

A16

a：火災感知器	b：音声警報装置	c：噴射ヘッド
d：手動式起動装置（操作盤）	e：放出表示灯	f：制御盤
g：安全装置	h：集合管	i：×
j：消火剤貯蔵容器	k：逆止弁	l：選択弁
m：起動回路	n：起動操作管	o：起動用ガス容器
p：蓄電池 or 自家発 or 燃料電池	q：端子箱	r：注意銘板
s：容器弁	t：容器弁開放器	u：標識版
v：避圧ダンパー	w：ピストンレリーザ	x：復旧弁箱
y：ダンパー	z：ダクト	aa：圧力スイッチ
ab：容器弁開放器（ソレノイド）	ac：火災受信機	

Q17 ★★★ ☐☐☐ ☐☐☐ ☐☐☐ 　甲 乙

次の文章の穴を埋めよ。

　ハロゲン化物消火設備のうち，局所放出方式は（ ① ）・（ ② ）・（ ③ ）に
認められており，設備構成は不活性ガス消火設備と同様である。防護対象物
の周囲に壁がない，もしくは（ ④ ）方式が採用されない場合に用いる。

A17

①ハロン2402　②ハロン1211　③ハロン1301　④全域放出

Q18 ★★★ ☐☐☐ ☐☐☐ ☐☐☐ 　甲 乙

次の文章の穴を埋めよ。

　ハロゲン化物消火設備のうち，移動式は（ ① ）・（ ② ）・（ ③ ）に認めら
れており，各部分からホース接続口までの長さは（ ④ ）m 以下とする。設
置量は，（ ① ）が（ ⑤ ）kg 以上。（ ② ）が（ ⑥ ）kg 以上。（ ③ ）が
（ ⑦ ）kg 以上。

A18

①ハロン2402　②ハロン1211　③ハロン1301　④20　⑤50　⑥45　⑦45

Q19 ★★★ ☐☐☐ ☐☐☐ ☐☐☐ 　甲 乙

次の文章の穴を埋め，表を完成させよ。

　総合点検における放出試験においての試験用ガスは（ ① ）or（ ② ）と
し，放射量は点検を行う防護区画の消火剤必要量の（ ③ ）％相当の量（次
表）を用いる。ただし，設置消火剤貯蔵容器と同容量の貯蔵容器を使用し，
（ ④ ）本を超えないものとする。

1

構造・機能及び工事又は整備の方法

消火剤量：10%試験	
消火剤種別	消火剤量/防護区画の体積 1 m³〔kg〕
ハロン2402	⑤
ハロン1211	⑥
ハロン1301	⑦
HFC-23	⑧
HFC-227ea	⑨
FK-5-1-12	⑩

A19　P.138　■消火剤量：10%試験　参照

①窒素　②空気　③10　④5
⑤9　⑥15　⑦16　⑧34　⑨14　⑩8

　　〜上表の数値を用いた計算例〜
　ハロン1301を100 kg 充填した貯蔵容器10本を放射する防護区画

$$100〔kg〕×10〔本〕×16〔ℓ/kg〕=16000〔ℓ〕$$

　　よって，16000〔ℓ〕（＝16 m³）の窒素ガス or 空気を放出すれ
ば，必要とするハロン1301の10％相当の量を試験用に放射するこ
とになる。

演習問題

問題1 ハロゲン化物消火設備に関する記述として正しいものは次のうちどれか。

(1) ハロゲン化物消火設備の消火原理は抑制(負触媒)である。
(2) ハロゲン化物消火設備で局所放出方式に対応しているのはハロン1301のみである。
(3) ハロン1301を設置することが出来るクリティカルユースに通信機器室は該当しない。
(4) 人が存するクリティカルユースで水噴霧・泡消火設備が適さない部分にハロン1301を採用した。

〈解説〉
(1) 消火原理は抑制(負触媒)＋窒息である。
(2) 局所放出方式に対応しているのはハロン1301，ハロン1211，ハロン2402である。
(3) クリティカルユースに通信機器室は該当する。
(4) 正しい。人が存しないクリティカルユースで不活性ガス・その他のハロゲン化物消火設備が適さない部分にハロン1301を採用した。

問題2 防護区画の体積が2000 m³の立体駐車場に全域放出方式のハロン1301消火設備を設置する場合，消火剤の最低量として正しいものは次のうちどれか。ただし，開口部は消火剤放射前に閉鎖されるものとする。

(1) 1200 kg
(2) 1050 kg
(3) 720 kg
(4) 640 kg

〈解説〉 ハロン1301消火設備は駐車場に設置する場合，防護区画の体積1 m³あたり0.32 kgの消火剤量が必要であるから，2000 m³×0.32 kg/m³＝640 kg

解答 問題1 (4) 問題2 (4)

問題3　ハロゲン化物消火設備に関する記述として誤っているものは次のうちどれか。

(1)　HFC-23は防護区画の体積1 m³あたり0.52～0.80 kg の消火剤量が必要である。

(2)　HFC-227ea は防護区画の体積1 m³あたり0.55～0.72 kg の消火剤量が必要である。

(3)　FK-5-1-12は防護区画の体積1 m³あたり0.80～1.46 kg の消火剤量が必要である。

(4)　HFC-23, HFC-227ea, FK-5-1-12については開口部が自動閉鎖することとしており, 開口部に対する消火剤加算の補正は認められていない。

〈解説〉　FK-5-1-12は防護区画の体積1 m³あたり0.84～1.46 kg の消火剤量が必要である。

問題4　ハロゲン化物消火設備に関する記述として誤っているものは次のうちどれか。

(1)　ハロゲン化物消火設備には二酸化炭素消火設備のような閉止弁を設ける必要はない。

(2)　通信機器室で全域放出方式を設ける場合, 自動閉鎖装置を設けない開口部の面積合計は囲壁面積の10%以下とする。

(3)　ハロン1301は音響警報装置とし, 遅延装置を設けないものとした。

(4)　立体駐車場の場合, 火災感知器は空気管式を採用した。

〈解説〉　自動閉鎖装置を設けない開口部の面積合計は囲壁面積の1 ％以下とする。

問題5　ハロゲン化物消火設備において局所放出方式を採用する際, 該当しないものは次のうちどれか。

(1)　ハロン1211

(2)　ハロン2402

(3)　ハロン1301

(4)　HFC-23

解答　問題3（3）　問題4（2）　問題5（4）

〈解説〉 ハロゲン化物消火設備において局所放出方式を採用する際，該当する
　　ものはハロン1211，ハロン2402，ハロン1301の三種類である。

**問題6　ハロゲン化物消火設備の総合点検における放射試験において，誤って
　　いるものは次のうちどれか。**

(1)　防護区画の必要消火剤量10％相当の窒素を用いた。

(2)　試験用ガスの量はハロン1301の場合，1 kg あたりの体積15 L として算
　　出した。

(3)　試験用ガスの量は HFC-23場合，1 kg あたりの体積34 L として算出し
　　た。

(4)　試験用ガスの量は FK-5-1-12の場合，1 kg あたりの体積 8 L として算
　　出した。

〈解説〉　試験用ガスの量はハロン1301の場合，1 kg あたりの体積16 L として
　　算出する。

**問題7　HFC-23をの総合点検における放射試験において，50 kg 充てんした
　　貯蔵容器20本を放出させる防護区画で試験に必要な窒素ガスまたは空
　　気の量として正しいものは次のうちどれか。**

(1)　12000 L

(2)　24000 L

(3)　34000 L

(4)　45000 L

〈解説〉　50〔kg〕×20〔本〕×34〔L/kg〕=34000〔L〕

解答　問題6（2）　問題7（3）

粉末消火設備

次の表を完成させよ。

消火剤の種類	主成分
第1種粉末	①
第2種粉末	②
第3種粉末	③
第4種粉末	④

A1

① 炭酸水素ナトリウム　② 炭酸水素カリウム　③ リン酸塩類
④ 炭酸カリウム＋尿

Q2 ★★★ □□□ □□□ □□□   甲 乙

次の図の各部名称を答えよ。

粉末消火設備　全域放出方式

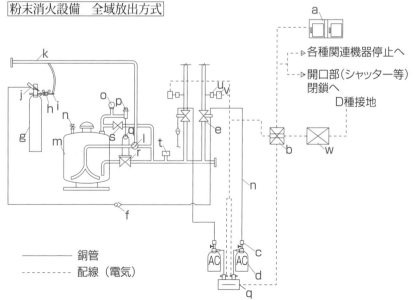

———— 銅管

------- 配線（電気）

A 2

a：手動起動装置　　　b：制御盤　　　　c：容器弁開放器
d：起動用ガス容器　　e：選択弁　　　　f：逆止弁
g：加圧用ガス容器　　h：圧力調整器　　i：点検コック
j：加圧用ガス容器開放装置　k：集合管　　l：ガス導入弁兼クリーニング弁
m：貯蔵タンク　　　　n：安全弁　　　　o：圧力計
p：定圧作動装置　　　q：放出切替弁　　r：放出弁
s：排気弁　　　　　　t：配管の安全装置　u：フィルター
v：圧力スイッチ　　　w：蓄電池

Q 3　★★★　□□□　□□□　□□□　　甲｜乙

次の図の各部名称を答えよ。

粉末消火設備　移動式

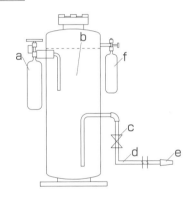

A 3

a：加圧用ガスボンベ　　b：粉末消火薬剤　　c：放出弁
d：ホース　　　　　　　e：ノズル　　　　　f：クリーニング用ボンベ

Q 4 ★★★ □□□ □□□ □□□ 甲乙

次のフロー図に当てはまるものを語群から選べ。

移動式粉末消火設備の使用手順に対するフロー図

a

↓

b

↓

c

↓

d

↓

放射

語群
・ホースを引き伸ばす
・加圧用ガスボンベ　開
・ノズル　開
・放出弁　開

A 4

a：加圧用ガスボンベ　開　　b：放出弁　開　　c：ホースを引き伸ばす
d：ノズル　開

Q 5 ★★★ □□□ □□□ □□□ 　甲 乙

次の図に関して各弁の開閉状態を答えよ。

粉末消火設備　全域放出方式

（クリーニング時）

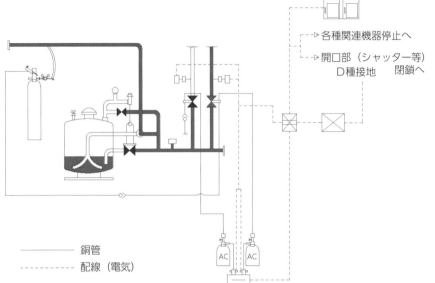

────── 銅管
--------- 配線（電気）

各弁の開放状態	
容器弁（加圧用ガス容器）	①
排気弁	②
ガス導入弁	③
クリーニング弁	④
放出弁	⑤

各種関連機器停止へ
開口部（シャッター等）
D種接地　　閉鎖へ

（起動時：放出時直前）

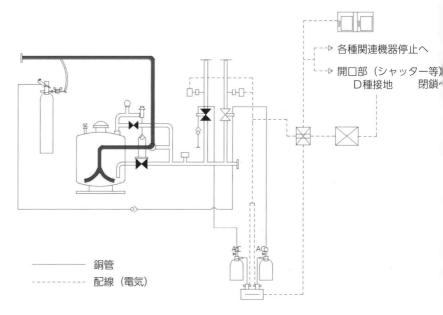

各種関連機器停止へ

開口部（シャッター等）
D種接地　　閉鎖へ

――――――　銅管
- - - - - - - - -　配線（電気）

各弁の開放状態	
容器弁（加圧用ガス容器）	⑥
排気弁	⑦
ガス導入弁	⑧
クリーニング弁	⑨
放出弁	⑩

A 5

①開　②閉　③閉　④開　⑤閉
⑥開　⑦閉　⑧開　⑨閉　⑩閉

Q6 ★★☆ □□□ □□□ □□□ 　甲乙

次の文章の穴を埋めよ。

　粉末消火設備の放出後，粉末消火剤だけが配管内に残留するおそれがある。よって放出後ただちに（①）弁を操作し，（②）ガス又は（③）ガスを貯蔵タンクを経由せずに直接配管に送り込み，残留消火剤を除去する。（④）弁以外の弁は粉末消火剤の逆流等で配管内に悪影響がないように閉じでおく。

A6

①クリーニング　②加圧用　③クリーニング用　④クリーニング

Q7 ★★★ □□□ □□□ □□□ 　甲乙

次の表を完成させよ。

全域放出方式における必要消火剤量：粉末		
消火剤種別	消火剤量/防護区画の体積 1 m³〔kg〕	消火剤量/開口部 1 m²〔kg〕
第1種粉末	①	④
第2種粉末	②	⑤
第3種粉末		
第4種粉末	③	⑥

A7　P.140　■消火剤量：粉末　参照

①0.6　②4.5　③0.36　④2.7　⑤0.24　⑥1.8

次の文章及び表を完成させよ。

局所放出方式の必要消火量

〔面積方式〕

必要消火剤量〔kg〕＝（ ① ）×（ ② ）×（ ③ ）

面積方式の②の値	
第1種粉末	④
第2種粉末	⑤
第3種粉末	
第4種粉末	⑥

局所放出方式には
面積方式と体積方式が
あるよ

〔体積方式〕

必要消火剤量〔kg〕＝（ ⑦ ）×（X-Ya/ A）×（ ⑧ ）

a：防護対象物の周囲に（ ⑨ ）の面積の合計〔m²〕

A：防護空間内における（ ⑩ ）の面積の合計〔m²〕

防護対象物すべての部分から（ ⑪ ）m 離れた部分の空間

体積方式のX・Yの値		
消火剤の種類	Xの値	Yの値
第1種粉末	⑫	⑮
第2種粉末	⑬	⑯
第3種粉末		
第4種粉末	⑭	⑰

A 8　P.140　参照

①防護対象物の表面積〔m²〕　②算出係数（K）　③1.1　④8.8　⑤5.2
⑥3.6　⑦防護空間の体積〔m³〕　⑧1.1　⑨実際ある壁
⑩無くてもあると仮定した場合も含めた壁　⑪0.6　⑫5.2　⑬3.2　⑭2.0
⑮3.9　⑯2.4　⑰1.5

Q 9 ★★☆ □□□ □□□ □□□ 甲 乙

次の文章の穴を埋めよ。

加圧式の粉末消火設備には（ ① ）MPa 以下の圧力に調整できる（ ② ）を設ける。

A 9

①2.5　②圧力調整器

Q10 ★★★ □□□ □□□ □□□ 甲 乙

次の文章の穴を埋めよ。

起動装置の作動後，貯蔵容器などの圧力が設定圧力になった時（ ① ）を開放させる。（ ② ）装置を貯蔵容器ごとに設ける。

A10

①放出弁　②定圧作動

Q11 ★★★ □□□ □□□ □□□ 甲 乙

次の文章の穴を埋めよ。

蓄圧式の粉末消火設備を用いる場合，使用圧力を（ ① ）色で示した（ ② ）計を設けることとなっている。

A11

①緑　②指示圧力

Q12 ★★★ □□□ □□□ □□□ 甲 乙

次の文章の穴を埋めよ。

加圧用ガス又は蓄圧用ガスに使用されるガスは（ ① ）又は（ ② ）とする。

A12

①窒素ガス　②二酸化炭素

Q13 ★★☆ □□□ □□□ □□□ 　甲乙

次の文章は粉末消火設備の特徴を述べたものである。穴を埋めよ。

1：（ ① ）が大きいため，変圧器などの高圧電気設備にも使用できる。

2：消火後は容易に（ ② ）出来るため，火災の及ばなかった機器に支障を起こさない。

3：規定通りに貯蔵した場合，薬剤は（ ③ ）しないため，長時間取り替せず使用できる。

4：水による消火設備と比べ，（ ④ ）しないため，極寒地においても使用できる。

A13

①絶縁性　②清掃　③変形　④凍結

Q14 ★★☆ □□□ □□□ □□□ 　甲乙

粉末消火設備における加圧用ガス及び蓄圧用ガスについての問いである。次の表を完成させよ。

ガスの種類	加圧用ガス	蓄圧用ガス
窒素ガス（①℃で1気圧としたもの）	消火剤1kgあたり（②）ℓ以上の量	消火剤1kgあたり（④）ℓにクリーニングに必要な量を加えた量以上の量
二酸化炭素	消火剤1kgあたり（③）gにクリーニングに必要な量を加えた量以上の量	消火剤1kgあたり（⑤）gにクリーニングに必要な量を加えた量以上の量

A14

①35　②40　③20　④10　⑤20

Q15 ★★☆ □□□ □□□ □□□ 　甲乙

次の文章の穴を埋めよ。

　粉末消火設備の配管で分岐する場合，貯蔵タンク側の（ ① ）部から（ ② ）部までの距離は管径の（ ③ ）倍以上とする。

A15

①屈曲　②分岐　②20

Q16 ★★☆ □□□ □□□ □□□ 　甲乙

次の文章の穴を埋めよ。

　移動式は各部分からホース接続口までの距離は（ ① ）m以下とし，消火剤の量は下記の通りとする。

　第1種：（ ② ）kg以上　　第2種・第3種：（ ③ ）kg以上　　第4種：（ ④ ）kg以上

A16

①15　②50　③30　④20

Q17 ★★★ □□□ □□□ □□□ 　甲乙

次の文章の穴を埋めよ。

　起動用ガス容器にある（ ① ）が開放されると，加圧用ガス容器が作動し，（ ② ）又は（ ③ ）が消火剤貯蔵タンク内に導入されタンク内の圧力が上がる。すると（ ④ ）装置が作動し（ ⑤ ）弁を経由して（ ⑥ ）弁が開放され，噴射ヘッドから放出される。

A17

①容器弁　②窒素ガス　③二酸化炭素　④定圧作動装置　⑤放出切替
⑥放出

Q18 ★★☆ □□□ □□□ □□□ 　甲乙

次の文章の穴を埋めよ。

　総合点検における放出試験の際の試験用ガスは，（ ① ）の（ ② ）%以上の量の加圧用ガスを使用する。

A18

①加圧用ガス　②10

問題1　粉末消火設備に関する記述として誤っているものは次のうちどれか。

(1) 放出後，配管内に残留されている粉末を除去するためにクリーニング用ガスを用いた。

(2) 放出後のクリーニング時にはクリーニング弁以外は閉じておいた。

(3) 全域放出方式の第3種粉末の必要消火剤量は防護区画の体積1 m³あたり0.36 kg として計算した。また開口部がある場合，開口部1 m²あたり2.7 kg として計算した。

(4) 全域放出方式の第4種粉末の必要消火剤量は防護区画の体積1 m³あたり0.24 kg として計算した。また開口部がある場合，開口部1 m²あたり4.5 kg として計算した。

〈解説〉　全域放出方式の第4種粉末の必要消火剤量は防護区画の体積1 m³あたり0.24 kg として計算する。また開口部がある場合，開口部1 m²あたり1.8 kg として計算する。

問題2　局所放出方式の粉末消火設備を，可燃性固体類または可燃性液体類を上面開放した表面積20 m²の容器に貯蔵する場合，必要消火剤量として正しいものは次のうちどれか。

(1) 193.6 kg

(2) 114.4 kg

(3) 72.9 kg

(4) 57.2 kg

〈解説〉　防護対象物の表面積×算出係数 K ×1.1＝必要消火剤量であるため，下記の式となる。

$$20 \, [\text{m}^2] \times 5.2 \, [\text{kg/m}^2] \times 1.1 = 114.4 \, [\text{kg}]$$

解答　問題1（4）　問題2（2）

問題3　粉末消火設備に関する記述として誤っているものは次のうちどれか。

(1) 加圧式の粉末消火設備に2.5 MPa以下の圧力に調整できる圧力調整器を設けた。
(2) 放出弁を作動させるために定圧作動装置を貯蔵容器ごとに設けた。
(3) 蓄圧式の場合，使用圧力を緑色で示した指示圧力計を設ける。
(4) 加圧用ガス又は蓄圧用ガスに空気を用いた。

〈解説〉　加圧用ガス又は蓄圧用ガスには窒素ガスまたは二酸化炭素を用いる。

問題4　粉末消火設備に関する記述として誤っているものは次のうちどれか。

(1) 絶縁性があるため，変圧器などの高圧電気設備にも使用できる。
(2) 凍結のおそれのある部分においても使用できる。
(3) 加圧用ガスを窒素ガスとした場合，消火剤1 kgあたり20 L以上の量とした。
(4) 配管を分岐させる場合，貯蔵タンク側の屈曲部から分岐部までの距離は管径の20倍以上とした。

〈解説〉　加圧用ガスを窒素ガスとした場合，消火剤1 kgあたり40 L以上の量とする。

問題5　移動式粉末消火設備に関する記述として誤っているものは次のうちどれか。

(1) 各部分からホース接続口までの距離は15 m以下とする。
(2) 消火剤を第1種とした場合，40 kg以上とする。
(3) 消火剤を第2，3種とした場合，30 kg以上とする。
(4) 消火剤を第4種とした場合，20 kg以上とする。

〈解説〉　消火剤を第1種とした場合，50 kg以上とする。

解答　問題3（4）　問題4（3）　問題5（2）

その他（機械・電気・規格）

〈機械に関する部分〉

Q1 ★★☆ □□□ □□□ □□□ 甲 乙

次の文章の穴を埋めよ。

不活性ガス・ハロゲン化物消火設備のおける貯蔵容器は（ ① ）法の適用に基づく（ ② ）に合格したものを使用する。消火剤を充填する際，容器の（ ③ ）試験を受けてから（ ④ ）年以上経過してる場合，再検査する。

A1

①高圧ガス保安　②容器検査　③耐圧　④5

Q2 ★★☆ □□□ □□□ □□□ 甲 乙

次の文章の穴を埋めよ。

（ ① ）弁及び（ ② ）装置は認定品を使用し，容器内の充填圧力は温度（ ③ ）℃において（ ④ ）MPa 以下と定めている。

A2

①容器　②安全　③35　④30

Q3 ★☆☆ □□□ □□□ □□□ 甲 乙

次の文章の穴を埋めよ。

二酸化炭素消火設備で（ ① ）式においては，消火剤を（ ② ）℃以下，（ ③ ）℃以上に保つ自動冷凍装置を設け，（ ④ ）MPa 以上，（ ⑤ ）MPa以下の圧力で作動する（ ⑥ ）装置を設ける。また，（ ⑦ ）計・（ ⑧ ）計を設ける。

A3

①低圧　② -18　③ -20　④2.3　⑤1.9　⑥圧力警報　⑦液面　⑧圧力

Q4 ★★☆ □□□ □□□ □□□ 甲 乙

容器の表面に行う刻印は9種類である。打刻する場所に対する内容を語群の中から選べ。

語群
・容器検査に合格した年月
・内容積（記号：V　単位：ℓ）
・耐圧試験圧力（記号：TP　単位：MPa）
・高圧ガスの名称又は略号又は分子式
・容器の記号及び番号
・圧縮ガスを充てんする場合は，最高充填圧力（記号：FP　単位：MPa）
・容器製造者の名称又は符号
・容器検査者実施者の名称の符号
・付属品を含まない容器質量（記号：W　単位：kg）

A4

①容器検査者実施者の名称の符号

②容器製造者の名称又は符号

③高圧ガスの名称又は略号又は分子式

④容器の記号及び番号

⑤内容積（記号：V　単位：ℓ）

⑥付属品を含まない容器質量（記号：W　単位：kg）

⑦容器検査に合格した年月

⑧耐圧試験圧力（記号：TP　単位：MPa）

⑨圧縮ガスを充てんする場合は，最高充填圧力（記号：FP　単位：MPa）

容器の刻印の例

記号の略称解説
TP：テストプレッシャー　　FP：フルプレッシャー
W：ウェイト　　V：ボリューム
⑦に出題されている「年月」は「年月日」・「年」等と変えて出題されたことがある！
この問は高圧ガス保安法によって定められた基準である！

Q5 ★☆☆ ☐☐☐ ☐☐☐ ☐☐☐ 　甲 乙

次の文章の穴を埋め，また表を完成させよ。

外面の塗装色は容器の表面積の（　①　）以上に下表のとおりの色を塗装する。

ガスの種類	容器の色
酸素ガス	②
水素ガス	③
液化炭酸ガス	④
液化アンモニア	⑤
液化塩素	⑥
アセチレンガス	⑦
その他の高圧ガス	⑧

A5

①1/2　②黒色　③赤色　④緑色　⑤白色　⑥黄色　⑦褐色　⑧灰色

この問は高圧ガス保安法によって定められた基準である！
最低でも④と⑧は覚える！

Q6 ★★★ ☐☐☐ ☐☐☐ ☐☐☐ 　甲 乙

次の文章の穴を埋め，また表を完成させよ。

充填比とは（　①　）と（　②　）の比であり，次ページ表に表すように消火剤の種類に応じて範囲が定められている。

消火剤種別		充填比の範囲
二酸化炭素	高圧式	③
	低圧式	④
	起動用ガス容器	⑤
ハロン2402	加圧式	⑥
	蓄圧式	⑦
ハロン1211		⑧
ハロン1301		⑨
HFC-227ea		
HFC-23		⑩
FK-5-1-12		⑪
第1種粉末		⑫
第2種粉末		⑬
第3種粉末		
第4種粉末		⑭

③⑤⑨⑬の充填比は
よく出題される

A6　P.141　■貯蔵容器の充填比　参照

①貯蔵容器の内容積〔ℓ〕　②充填比〔kg〕　③1.5〜1.9　④1.1〜1.4
⑤1.5以上　⑥0.51〜0.67　⑦0.67〜2.75　⑧0.7〜1.4　⑨0.9〜1.6
⑩1.2〜1.5　⑪0.7〜1.6　⑫0.85〜1.45　⑬1.05〜1.75　⑭1.5〜2.5

Q7　★★☆　□□□　□□□　□□□　　甲 乙

次の文章の穴を埋めよ。

　消火剤を貯蔵し，放出する方式には（①）式及び（②）式がある。
（③）や（④）を貯蔵する容器は消火剤だけでなく（⑤）で常に加圧さ
れている。この（⑤）は消火剤を放出するための低温時における（⑥）
を防ぐためである。貯蔵容器内の圧力は施行規則で（⑦）又は（⑧）と
なるように規定されている。これが（②）式である。

　一方，粉末消火設備の場合，（①）式が多く用いられる。（①）式に使
う加圧ガス容器のガスは（⑨）又は（⑩）である。

①加圧　②蓄圧　③ハロン1301　④HFC-227ea　⑤窒素　⑥圧力低下
⑦2.5 MPa　⑧4.2 MPa　⑨窒素　⑩二酸化炭素

Q 8 ★★☆ □□□ □□□ □□□ 甲 乙

次の文章の穴を埋めよ。

防護区画又は防護対象物が 2 つ以上ある場合，（　①　）弁を使用する。
（　①　）弁は（　②　）以外の場所に設ける。（（　③　）によっても容易に開放出
来るようにすること。）

また，（　④　）に対しては，防護区画又は防護対象物が隣接する場合
（　⑤　）を共有することはできない。（ただし，相互間に開口部を有しない壁
で厚さ（　⑥　）mm 以上の RC 造等の壁・床で区画されている場合を除く。）

A 8

①選択　②防護区画　③手動　④危険物施設　⑤貯蔵容器　⑥70

Q 9 ★★★ □□□ □□□ □□□ 甲 乙

次の文章の穴を埋めよ。

二酸化炭素消火設備には，点検時安全を確保するために（　①　）を設け
る。設置場所は（　②　）又は（　③　）のどちらかである。

A 9

①閉止弁　②貯蔵容器と選択弁の間の集合管
③起動用ガス容器と貯蔵容器の間の起動操作管

Q10 ★☆☆ □□□ □□□ □□□ 甲 乙

次の文章の穴を埋めよ。

配管は（　①　）とし，落差は（　②　）m 以下とする。選択弁や開閉弁を設
ける場合は，貯蔵容器との間に（　③　）装置又は（　④　）板を設ける。

A10

①専用　②50　③安全　④破壊

Q11 ★☆☆ □□□ □□□ □□□ 　甲 乙

次の文章の穴を埋めよ。

定圧作動装置には（ ① ）・（ ② ）・（ ③ ）の方式がある。

A11

①スプリング方式　②封板方式　③圧力スイッチ方式

Q12 ★☆☆ □□□ □□□ □□□ 　甲 乙

次の表を完成させよ。

消火剤	鋼管を使用する配管		
二酸化炭素	高圧式		①
	低圧式		②
窒素 IG-55 IG-541	選択弁を設ける場合	貯蔵容器から選択弁の間	③
		選択弁以降の部分	④
	選択弁を設けない場合		
	圧力調整装置の2次側		⑤
ハロン2402			⑥
ハロン1211 ハロン1301 HFC227ea FK5-1-12			⑦
HFC-23			⑧
粉末			⑨
	蓄圧式で20℃における圧力が2.5MPaを超え 4.2MPa以下のもの		⑩

A12

① JISG3454 STPG370 Sch80以上

② JISG3454 STPG370 Sch40以上

③温度40℃の時の容器内部圧力に耐える強度をもつ配管

④ JISG3454 STPG370 Sch80以上

⑤温度40℃の時の容器内部圧力に耐える強度をもつ配管

⑥ JISG3452 SGP

⑦ JISG3454 STPG370 Sch40以上

⑧ JISG3454 STPG370 Sch80以上

⑨ JISG3452 SGP

⑩ JISG3454 STPG370 Sch40以上

※ Sch は「スケジュール」と読み，配管の肉厚を番号化したもの

Q13 ★☆☆ □□□ □□□ □□□ 甲 乙

次の文章の穴を埋めよ。

（ ① ）及び（ ② ）を放出する噴射ヘッドは消火剤を霧状に放出するものであること。

A13

①ハロン2402　② FK-5-1-12

Q14 ★★★ □□□ □□□ □□□ 甲 乙

次の表を完成させよ。

消火剤種別	噴射ヘッドの放射圧力		放射時間		
二酸化炭素	高圧式	① MPa 以上	全域	通信機器室	⑪分以内
				指定可燃物	⑫分以内
	低圧式	② MPa 以上		その他	⑬分以内
			局所		⑭秒以内
窒素, IG-55, IG-541	③ MPa 以上		全域	9/10以上の量	⑮分以内
ハロン2402	④ MPa 以上		全域 ＋ 局所		⑯秒以内
ハロン1211	⑤ MPa 以上		全域 ＋ 局所		
ハロン1301	⑥ MPa 以上		全域 ＋ 局所		
HFC-23	⑦ MPa 以上		全域		⑰秒以内
HFC-227ea	⑧ MPa 以上		全域		
FK-5-1-12	⑨ MPa 以上		全域		

第1種粉末			
第2種粉末	⑩ MPa 以上	全域 + 局所	⑱秒以内
第3種粉末			
第4種粉末			

A14　P.141　■ヘッドの噴射圧力と放射時間　参照

①1.4　②0.9　③1.9　④0.1　⑤0.2　⑥0.9　⑦0.9　⑧0.3　⑨0.3
⑩0.1　⑪3.5　⑫7　⑬1　⑭30　⑮1　⑯30　⑰10　⑱30

Q15　★★★　□□□　□□□　□□□　　甲 乙

次のフロー図を完成させよ。

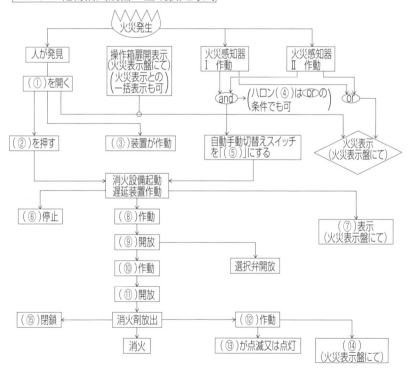

A15

①操作箱の扉　②放出用スイッチ　③音響装置（音声装置）　④1301
⑤自動　⑥換気ファン・関連機器　⑦起動
⑧電磁弁開放器（ソレノイド）　⑨起動用ガス容器
⑩貯蔵容器用容器弁開放器　⑪貯蔵容器用容器弁　⑫圧力スイッチ
⑬放出表示灯　⑭放出表示　⑮ダンパー閉鎖

〈電気に関する部分〉

Q16 ★★★ □□□ □□□ □□□ 　甲 乙

次の文章の穴を埋めよ。

起動装置とは設備を起動させるもので（ ① ）式起動装置と（ ② ）式起動装置がある。

A16

①手動　②自動

Q17 ★★★ □□□ □□□ □□□ 　甲 乙

次の文章の穴を埋めよ。

不活性ガス・ハロゲン化物・粉末のうち（ ① ）・（ ② ）・（ ③ ）・（ ④ ）・（ ⑤ ）の起動装置は手動式とする。ただし，常時人のいない防火対象物や手動式が不適当と判断される場所にあっては（ ⑥ ）とする。

一方，（ ⑦ ）・（ ⑧ ）・（ ⑨ ）・（ ⑩ ）・（ ⑪ ）・（ ⑫ ）にあっては自動式とする。

A17

①二酸化炭素　②ハロン2402　③ハロン1211　④ハロン1301　⑤粉末
⑥自動式　⑦窒素　⑧ IG-55　⑨ IG-541　⑩ HFC-23　⑪ HFC-227ea
⑫ FK-5-1-12

Q18 ★★☆ □□□ □□□ □□□ 　甲 乙

次の文章の穴を埋めよ。

手動起動装置は通常「（ ① ）箱」と呼ばれ，要点は以下の通りである。

・（ ② ）で（ ③ ）を見通すことができ，かつ，防護区画の（ ④ ）な

どで操作した者が容易に避難出来る場所に設ける。

- ・それぞれの（ ⑤ ）・（ ⑥ ）ごとに設ける。
- ・操作部の高さは（ ⑦ ）の箇所に設ける。
- ・その直近の見やすい場所に，（ ⑧ ）装置である旨，及び（ ⑨ ）の種類を表示すること（（ ⑩ ）板において）
- ・外面は（ ⑪ ）色とする。
- ・電気を使用する起動装置には（ ⑫ ）灯を設けること。
- ・起動装置の放出スイッチ・引き栓などは（ ⑬ ）による鳴動を行った後でなければ操作できないものとし，かつ，起動装置に（ ⑭ ）などによる有効な防護処置がされていること。
- ・起動装置又はその直近には，（ ⑮ ）の名称・（ ⑯ ）方法・（ ⑰ ）事項などを表示する。

A18

①操作　②防護区画外　③防護区画内　④出入り口　⑤防護区画
⑥防護対象物　⑦0.8 m～1.5 m　⑧起動　⑨消火剤　⑩標識　⑪赤
⑫電源表示　⑬音響装置　⑭有機ガラス　⑮防護区画　⑯取扱い
⑰保安上の注意

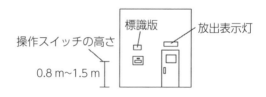

Q19 ★★☆ □□□ □□□ □□□ 甲乙

自動式起動装置の要点は以下の通りである。次の文章の穴を埋めよ。

- ・（ ① ）と連動して起動するものであること。
- ・自動手動切替え装置を設けること。
    - ・容易に操作ができる箇所に設ける。
    - ・自動又は手動を表示する（ ② ）があること。
    - ・自動及び手動の切替えは（ ③ ）等によらなければ操作できない構造とする。
- ・不活性ガス・ハロゲン化物・粉末消火設備のうち，（ ④ ）・（ ⑤ ）・（ ⑥ ）・（ ⑦ ）・（ ⑧ ）・（ ⑨ ）は放出用スイッチ，引き栓などにより

直ちに（⑩）弁又は（⑪）弁を開放するものであること。
・直近に取扱方法を表示する。

A19
①火災感知器　②表示灯　③カギ　④窒素　⑤ IG-55
⑥ IG-541　⑦ HFC-23　⑧ HFC-227ea　⑨ FK-5-1-12
⑩貯蔵容器の容器　⑪放出

Q20　★☆☆　□□□　□□□　□□□　甲乙

下記の説明文に当てはまる感知器の種類を答えよ。

（①）：周囲の温度が一定の上昇率に達することを感知するもの

（②）：周囲の温度が一定の温度に達することを感知するもの

（③）：イオン室に煙が入るときのイオン電流の変化を感知するもの

（④）：暗室内の受光板のの受光量の変化を感知するもの

（⑤）：（①）と（②）を組み合わせたもの

（⑥）：1つの感知器に2つの原理を組み合わせたもの

（⑦）：感度・公称作動温度などの異なるものの組み合わせ
　　　（例：定温式で60℃と70℃の組み合わせ）

（⑧）：煙がさえぎることによる受光器の変化を感知するもの

A20
①差動式スポット型感知器　　　②定温式スポット型感知器
③イオン化式スポット型感知器　④光電式スポット型感知器
⑤補償式スポット型感知器　　　⑥複合式スポット型感知器
⑦多信号式スポット型感知器　　⑧光電式分離型感知器

Q21　★★★　□□□　□□□　□□□　甲乙

次の文章の穴を埋めよ。

　音響警報装置において（①）方式に設けるものは音声によるものとする。しかし，常時人がいない場所や，（①）方式の（②）消火設備はブザー音（音響）等とすることができる。

A21

①全域放出　②ハロン1301

Q22 ★★★ □□□ □□□ □□□ 　甲乙

次の文章の穴を埋めよ。

　制御盤は，手動起動装置又は火災感知器の信号を受信し，（ ① ）の作動や（ ② ）の制御等を行う。

A22

①音響警報装置　②消火剤放出やその他

Q23 ★★★ □□□ □□□ □□□ 　甲乙

次の文章の穴を埋め，表を完成させよ。

　音響装置が作動した後，消火剤を放出するまでに避難の時間を確保するため（ ① ）装置を設ける。誤って起動装置を作動させてしまった場合，停止スイッチを押すなどして放出を停止することができる。

切替え項目	消火剤の種類	詳細
手動式	②・③・④・⑤・⑥	⑦秒以上の（ ① ）装置を設ける
自動式	⑧⑨⑩⑪⑫⑬	（ ① ）装置を設けない

A23

①遅延　②二酸化炭素　③ハロン2402　④ハロン1211　⑤ハロン1301
⑥粉末　⑦20　⑧窒素　⑨IG-55　⑩IG-541　⑪HFC-23　⑫HFC-227ea
⑬FK-5-1-12

Q24 ★★☆ □□□ □□□ □□□ 　甲乙

次の文章の穴を埋めよ。

　前問の手動式に対応する消火剤において，手動式でなく自動式にしなければならない場合としては（ ① ）及び（ ② ）がある。

A24

①常時人がいない場合　②手動式が不適である場合

Q25 ★★★ □□□ □□□ □□□ 　甲 乙

次の文章の穴を埋めよ。

放出表示灯は（ ① ）などの見やすい箇所に設ける。

A25

①出入り口

Q26 ★☆☆ □□□ □□□ □□□ 　甲 乙

不活性ガス・ハロゲン化物・粉末消火設備を設置する場合で総合盤が必要な
ものは下記のいずれかに該当した場合とする。文章の穴を埋めよ。

- 延べ面積が（ ① ）m²以上
- 地階を除く階が（ ② ）階以上でかつ，延べ面積が（ ③ ）m²以上
- 延べ面積が（ ④ ）m²以上の地下街

※・次に掲げるものは（ ⑤ ）の指定を受けたものでなければならない。
- 地階を除く階が（ ⑥ ）階以上でかつ，延べ面積が（ ⑦ ）m²以上
- 地階を除く階が（ ⑧ ）階以上でかつ，延べ面積が（ ⑨ ）m²以上
- 地階の床面積が（ ⑩ ）m²以上

A26

①50,000　②15　③30,000　④1,000　⑤消防長又は消防署長　⑥11
⑦10,000　⑧5　⑨20,000　⑩5,000

Q27 ★★★ □□□ □□□ □□□ 　甲 乙

次の文章の穴を埋めよ。

（ ① ）・（ ② ）・（ ③ ）と非常電源を接続する配線は耐火配線とする。

A27

①操作盤　②排出装置　③制御盤

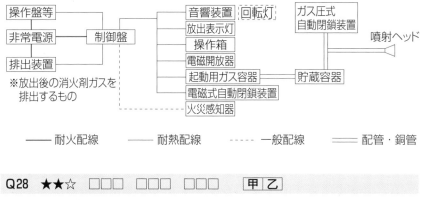

―― 耐火配線　　―― 耐熱配線　　‥‥‥ 一般配線　　═══ 配管・銅管

Q28 ★★☆ □□□ □□□ □□□ 　甲 乙

次の文章の穴を埋めよ。

　不活性ガス・ハロゲン化物・粉末消火設備の非常電源において一次側は
（ ① ）とし，他の回路に影響の受けないようにする。また，非常電源は
（ ② ）・（ ③ ）・（ ④ ）とし，（ ⑤ ）時間作動できる容量とする。

A28
①専用回路　②自家発電設備　③蓄電池設備　④燃料電池設備　⑤1

Q29 ★☆☆ □□□ □□□ □□□ 　甲 乙

**キュービクル式以外の自家発電設備の保有距離について次の表を完成させ
よ。**

保有距離を確保する部分		保有距離
自家発電設備（※1）	周囲	① m 以上
燃料タンクと原動機との間隔（※2）	予熱する方式の原動機	② m 以上
	その他の方式の原動機	③ m 以上
操作盤	前面	④ m 以上

※1：原動機と電動機とを連結させたもの
※2：燃料タンクと原動機との間に（ ⑤ ）で作った遮蔽物を設けた場合
　　　を除く。

A29
①0.6　②2　③0.6　④1　⑤不燃材料

Q30 ★☆☆ □□□ □□□ □□□ 甲乙

次の文章の穴を埋めよ。

燃料電池設備は（ ① ）式のものとすること。

A30

①キュービクル

〈規格に関する部分〉

Q31 ★★☆ □□□ □□□ □□□ 甲乙

容器弁の耐圧試験について述べられている下記の文章の穴を埋め，表を完成させよ。

容器弁の弁箱は，次の表に定める圧力値の水圧力を（ ① ）分間加えた場合，（ ② ）又は（ ③ ）を生じないもの。

対象容器	耐圧試験圧力
不活性ガス消火設備の高圧貯蔵容器	
（二酸化炭素を常温で貯蔵している容器）	④ Mpa
HFC-23の貯蔵容器	
粉末消火設備における加圧ガス容器（CO_2）	
その他の容器	⑤値

A31

①2　②漏れ　③変形　④24.5　⑤耐圧試験圧力

Q32 ★★★ □□□ □□□ □□□ 甲乙

容器弁の気密試験について述べられている下記の文章の穴を埋めよ。

容器弁は，その容器などを取り付ける容器などの最高使用圧力に相当する（ ① ）・（ ② ）の圧力を（ ③ ）分間加えた場合，漏れなど生じないこと。

A32

①窒素ガス　②空気　③5

Q33 ★★☆ □□□ □□□ □□□ 甲 乙

容器弁の衝撃試験について述べられている下記の文章の穴を埋めよ。

容器弁は容器などに取り付けて，（ ① ）回転倒させた後，（ ② ）試験をする。

A33

① 3　②気密

Q34 ★☆☆ □□□ □□□ □□□ 甲 乙

容器弁の振動試験について述べられている下記の文章の穴を埋めよ。

容器に圧力を加えた状態で，全振幅（ ① ）mm，振動数（ ② ）回毎分の振動をそれぞれ（ ③ ）時間与えた後，（ ④ ）試験に合格するもの。

A34

① 2　②2000　③ 1　④衝撃

Q35 ★★☆ □□□ □□□ □□□ 甲 乙

容器弁の温度試験について述べられている下記の文章の穴を埋めよ。

（ ① ）℃～（ ② ）℃までの温度で異常がないもの。

A35

①－20　②40

Q36 ★★☆ □□□ □□□ □□□ 甲 乙

容器弁の等価管長について述べられている下記の文章の穴を埋めよ。

等価管長は（ ① ）m以下のものでなければならない。

A36

①20

Q37 ★★☆ □□□ □□□ □□□ 甲 乙

容器弁の表示について述べられている下記の文章の穴を埋めよ。

（ ① ）・（ ② ）・（ ③ ）・（ ④ ）・（ ⑤ ）・（ ⑥ ）・（ ⑦ ）を表示する。

A37

①製造者又は商標　②充填ガスの種類　③型式番号　④質量　⑤製造年月
⑥再検査年月　⑦耐圧試験圧力

 ⑤, ⑥は年月日ではないので注意

Q38 ★★☆ □□□ □□□ □□□ 　甲 乙

放出弁と選択弁について述べられている下記の文章の穴を埋めよ。

　常時閉鎖状態にあり，（①）式，（②）式などの開放装置により開放す
るものとし，（③）によっても容易に開放できること。（③）により操作
する場合は，操作の（④）又は開閉の（⑤）を表示する。（⑥）消火設
備では，玉型弁・仕切弁以外の構造とすること。

A38

①電気　②ガス圧　③手動　④方向　⑤位置　⑥粉末

Q39 ★★★ □□□ □□□ □□□ 　甲 乙

　下記の図は，不活性ガス・ハロゲン化物・粉末消火設備における音響警報装
置の構成図である。次の図に当てはまる語句を答えよ。

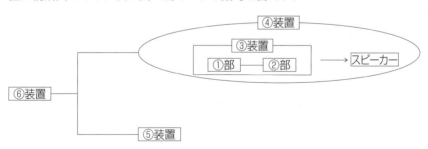

A39

①再生　②増幅　③音声　④音声警報　⑤音響　⑥音響警報

Q40 ★★☆ □□□ □□□ □□□ 甲乙

音声警報装置の構造・性能について述べられている下記の文章の穴を埋めよ。

- 厚さ（①）mm 以上の鋼板を有する（②）性以上の材料で作られていること。
- 音声警報音はシグナル，メッセージ及び1秒間の無音状態を1単位の所要時間が（③）秒を超える無音状態にならないこと。
- 起動信号を受信後，自動的に最初の音声警報音が開始してから停止信号を受けるまで（④）発せられること。
- 定格電圧で（⑤）分間連続使用できること。
- （⑥）部と（⑦）部との間の絶縁抵抗は，直流（⑧）Vの絶縁抵抗計で測定した値が（⑨）MΩ以上であること。また，（⑥）部と（⑦）部の間の絶縁抵抗に交流500Vを加えた場合，（⑩）分間耐えること。
- メッセージは（⑪）性の性別の声とする。
- シグナルのスイープ音を発した時のスピーカーの音圧は，1m離れた位置で（⑫）db以上。

A40
①0.8　②難燃　③14　④くり返し　⑤10　⑥充電　⑦非充電　⑧500
⑨20　⑩1　⑪男　⑫92

Q41 ★☆☆ □□□ □□□ □□□ 甲乙

音響装置について述べられている下記の文章の穴を埋めよ。

- 外面は（①）色とする。
- 1m離れて（②）db以上であること。
- 電源電圧の（③）％において音響を発すること。
- 使用電圧で（④）分間使用し，問題がないこと。
- （⑤）部と（⑥）部との間の絶縁抵抗は，直流（⑦）Vの絶縁抵抗計で測定した値が（⑧）MΩ以上であること。

A41
①赤　②90　③80　④10　⑤充電　⑥非充電　⑦500　⑧20

不活性ガス消火設備の噴射ヘッドについて述べられている下記の文章の穴を埋めよ。

・オリフィス径が（ ① ）mm 未満の噴射ヘッド（（ ② ）消火設備以外）には（ ③ ）を設けること。
・ホーンデフレクターの材質は（ ④ ）性のものとする。
・錆の影響をうけるものは（ ⑤ ）処理を施したものとする。
・噴射ヘッドのオリフィスは，等価噴射口面積を水により測定した場合，その値が（ ⑥ ）に応じたものとなっていること。

A42

①3　②粉末　③目づまり防止用フィルター　④金属　⑤防錆
⑥コード番号

下図は定圧作動装置を現したものである。各部の名称を答えよ。

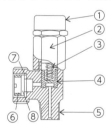

A43

①キャップ　②弁体（上部）　③スプリング　④遊動子　⑤弁本体
⑥フィルターナット　⑦パッキング　⑧フィルターエレメント

定圧作動装置について述べられている下記の文章の穴を埋めよ。

・常時閉止状態にあって（ ① ）に達した場合，自動的に作動する。
・（ ② ）弁を開放出来るものであること。
・みだりに（ ③ ）を調整出来ないものであること。
・耐圧試験では，最高使用圧力の（ ④ ）倍の水圧力を（ ⑤ ）分間加え

異常がないこと。

・気密試験では，最高使用圧力の（⑥）圧力又は（⑦）圧力を（⑧）分間加える。

・作動試験では，（⑥）圧力又は（⑦）圧力を加え，（⑨）で作動するかどうか試験する。

A44

①設定圧力　②放出　③設定圧力　④1.5　⑤2　⑥窒素ガス
⑦空気　⑧5　⑨設定圧力

Q45 ★☆☆ □□□ □□□ □□□ 　甲乙

制御盤について述べられている下記の文章の穴を埋めよ。

・外箱の主たる材料は（①）とする。

・（②）は人が触れないよう十分注意する。

・制御盤に必要な装置は（③）・（④）・（⑤）・（⑥）である。

・電源電圧が定格電圧の（⑦）の範囲で異常が生じないこと。

・（⑧）部と（⑨）との間の絶縁抵抗は直流500Vの絶縁（⑩）MΩ以上であること。

・（⑧）部と（⑨）との間の絶縁耐力は実効電圧（⑪）Vの交流電圧を加えた場合，（⑫）分間これに耐えられるものであること。

A45

①不燃材料又は難燃材料　②充電部　③制御盤用音響警報装置
④復旧スイッチ　⑤電源表示灯，その他必要な表示灯
⑥自動手動切替スイッチ　⑦90％〜110％　⑧充電　⑨外箱　⑩3
⑪500　⑫1

Q46 ★★☆ □□□ □□□ □□□ 甲乙

移動式のホース・ノズル開閉弁・ホースリールについて述べられている下記の文章の穴を埋め，表を完成させよ。

・ホースの収納方式は（ ① ）式と（ ② ）式がある。

・温度（ ③ ）℃における各消火剤の放射量は下記のとおりである。

消火設備種別	消火剤種別	放射量（kg/分）
不活性ガス消火設備	二酸化炭素	④
ハロゲン化物消火設備	ハロン2402	⑤
	ハロン1211	⑥
	ハロン1301	⑦
粉末消火設備	第1種粉末	⑧
	第2種粉末	⑨
	第3種粉末	
	第4種粉末	⑩

・ホースの長さは（ ⑪ ）m以上とする。（ノズルも含めて）

・ノズル開閉弁は（ ⑫ ）動作で開閉できるもの。

・ノズルの保持部分については（ ⑬ ）で作り，又は（ ⑭ ）で被覆する。ただし，（ ⑮ ）を使用するものは例外である。

・耐圧試験において，移動式のホース・ノズル開閉弁・ホースリールは最高使用圧力の（ ⑯ ）倍の水圧力を（ ⑰ ）分間耐えれること。

・気密試験については，（ ⑱ ）圧力又は（ ⑲ ）圧力を（ ⑳ ）分間加える。

A46

①ホース架　②ホースリール　③20　　　　④60　　　⑤45
⑥40　　　　⑦35　　　　⑧45　　　　⑨27　　　⑩18
⑪20　　　　⑫1　　　　⑬熱の不良導体　⑭断熱材　⑮ハロン2402
⑯1.5　　　⑰2　　　　⑱窒素ガス　　⑲空気　　⑳2

Q47 ★☆☆ □□□ □□□ □□□ 甲乙

自家発電設備について述べられている下記の文章の穴を埋めよ。

- 外部から人が容易に触れられる（ ① ）部や（ ② ）部には，安全上の保護をする。
- 電源確立，投入，送電をすべて自動とする。しかし，（ ③ ）がいる場合は手動とすることが出来る。
- 電源確立から投入までは（ ④ ）秒以内とする。
- 発電出力を監視する（ ⑤ ）計・（ ⑥ ）計を設ける。
- 定格負荷時における（ ⑦ ）時間以上の出力ができるもの。
- 自家発の運転により生ずる（ ⑧ ）・（ ⑨ ）・（ ⑩ ）・（ ⑪ ）の措置を講ずる。
- セルモーター付きの原動機では，セルモーター（ ⑫ ）と原動機の（ ⑬ ）との不かみ合わせを防止する装置を設ける。
- セルモーターの蓄電池は，各始動に5秒の間隔を置いて，（ ⑭ ）秒の始動を（ ⑮ ）回以上行える容量とする。
- 空気始動式の原動機の場合，空気タンクの圧力が連続して（ ⑯ ）回以上始動出来る圧力以下に低下した時，自動的に作動する（ ⑰ ）装置・（ ⑱ ）装置を設けること。
- 水冷式の内燃機関には，専用の（ ⑲ ）を設けることとし，その容量は冷却するのに十分なものとする。
- 発電機の総合電圧変動率は，定格電圧の±（ ⑳ ）%以内であること。
- 構造は，キュービクル式かそれ以外かに分かれる。

A47

①充電　②駆動　③運転及び保守を管理する常駐者　④40　⑤電圧
⑥電流　⑦連続運転可能　⑧熱　⑨騒音　⑩振動　⑪ガス　⑫ピニオン
⑬リングギア　⑭10　⑮3　⑯3　⑰警報　⑱圧力調整　⑲冷却水タンク
⑳2.5

Q48 ★☆☆ □□□ □□□ □□□ 　甲乙

蓄電池設備について述べられている下記の文章の穴を埋めよ。

・蓄電池は，直流出力にあっては，（ ① ）と（ ② ）で構成されている。
・蓄電池は，交流出力にあっては，（ ① ）と（ ② ）と（ ③ ）で構成されている。

・キュービクル式とそれ以外があり，蓄電池本体には（ ④ ）蓄電池と（ ⑤ ）蓄電池が多く使われている。
・外部から人が触れる恐れのある（ ⑥ ）部・（ ⑦ ）部を保護する。
・蓄電池で直交交換装置の場合，停電から（ ⑧ ）秒以内，その他においては停電直後に（ ⑨ ）および（ ⑩ ）を行う。
・自動で充電するものとし，充電電源圧力が定格電圧の（ ⑪ ）％の範囲で問題ないこと。
・（ ⑫ ）防止機能を設けること。
・自動・手動により容易に（ ⑬ ）充電を行えること。ただし（ ⑬ ）充電しなくてもよいものは例外。
・消防設備の操作装置までの配線途中に（ ⑭ ），（ ⑮ ）又は（ ⑯ ）を設ける。
・出力電流・出力電圧を監視する（ ⑰ ）・（ ⑱ ）を設ける。
・温度が（ ⑲ ）の範囲内で異常が生じないこと。
・容量は最低許容電圧（公称電圧の（ ⑳ ）％の電圧）になるまで放電した後，（ ㉑ ）時間充電し，その後定められた時間消防設備等を作動できること。

A48

①蓄電池　②充電装置　③逆変換装置（インバーター）　④鉛
⑤ニッケルカドミウム式アルカリ　⑥充電　⑦高温　⑧40　⑨電圧確立
⑩投下　⑪±10　⑫過充電　⑬均等　⑭過電流遮断器　⑮配線用遮断器
⑯開閉器　⑰電圧計　⑱電流計　⑲0 ℃～40 ℃　⑳80　㉑24

Q49 ★☆☆ □□□ □□□ □□□ 　甲乙

キュービクルについて述べられている下記の文章の穴を埋めよ。

- 外箱の材料は（ ① ）とし，板厚は屋外用は（ ② ）mm 以上，屋内用は（ ③ ）mm 以上とする。
- 開口部は（ ④ ）とし，蓄電池・充電装置は床面から（ ⑤ ）cm 以上の位置に設ける。または同程度の防水措置を講じる。（防水上のため）
- キュービクル式の内部は（ ⑧ ）・（ ⑨ ）・（ ⑩ ）から（ ⑪ ）までに区画されていること。
- 自然換気口の開口部において，外箱の 1 つの面について，蓄電池を収納する部分は（ ⑫ ）以下充電装置又は区画遮断器から放電回路までを収納する部分は当該面積の（ ⑬ ）以下自然換気が十分行えないものは（ ⑭ ）換気とする。
- 換気口には，金網・ガラリ・防火ダンパーなど，防火措置および（ ⑮ ）換気が講じられていること。
- キュービクル式蓄電池に（ ⑯ ）を収納する場合，しっかり区画すること。
- 蓄電池の構造項目については，（ ⑰ ）・（ ⑱ ）・（ ⑲ ）・（ ⑳ ）がある。

A 49

①鋼板　②2.3　③1.6　④防火戸　⑤10　⑥照光式銘板
⑦グラフィックパネル　⑧蓄電池　⑨充電装置　⑩区分遮断器
⑪放電回路　⑫1/3　⑬2/3　⑭機械　⑮雨水の侵入防止の措置
⑯変電設備　⑰蓄電池　⑱充電装置　⑲逆変換装置（インバーター）
⑳直交変換装置

Q50 ★☆☆ □□□ □□□ □□□ 　甲乙

燃料電池について述べられている下記の文章の穴を埋めよ。

- 電圧確立から投入までは（ ① ）秒以内である。
- 停電した場合，燃料電池の（ ② ）と（ ③ ）とを自動的に切り離せるもの。
- 発電出力を監視できる（ ④ ）・（ ⑤ ）があること。
- 運転により発生する（ ⑥ ）・（ ⑦ ）を適切に処理するための措置を講じること。

- 定格負荷における（ ⑧ ）の燃料が燃料容器に有すること。
- ガス事業者により供給されるガスを燃料とする場合，地面平均加速度（ ⑨ ）ガルの地震動が加えられても問題ないこと。
- 燃料電池・改質器・その他の機器・配線は（ ⑩ ）に収納すること。
- 外箱の材料は（ ⑪ ）とし，板厚は屋外用―（ ⑫ ）mm，屋内用―（ ⑬ ）mm 以上である。
- 開口部には（ ⑭ ）が設けられている。
- 外箱に設けるものは，（ ⑮ ）・（ ⑯ ）・（ ⑰ ）・（ ⑱ ）・（ ⑲ ）・（ ⑳ ）・（ ㉑ ）である。
- 防水上のため各機器は，床上（ ㉒ ）cm 以上に設ける。
- 外箱の内部にガスを検知するための（ ㉓ ）・（ ㉔ ）を設ける。
- 換気設備については次の３つが定められている。
    - ア：自然換気口の開口部の面積は，１つの面に対し，面積の（ ㉕ ）以下とする。
    - イ：自然換気だけでは足りない場合，（ ㉖ ）設備を設ける。
    - ウ：換気口には，金網・ガラリ・防火ダンパーを設ける。これは（ ㉗ ）措置及び（ ㉘ ）措置のため。
- 制御装置には，手動より（ ㉙ ）出来る装置があること。
- 電力を常時供給するための燃料が無くなった場合，自動的に（ ㉚ ）の燃料が供給されること。

A50

①40　②負荷回路　③別の回路　④電圧計　⑤電流計　⑥熱　⑦ガス
⑧必要時間分の量　⑨400　⑩外箱　⑪鋼板　⑫2.3　⑬1.6　⑭防火戸
⑮表示灯　⑯換気設備　⑰排気筒　⑱電線の引き出し口　⑲燃料配管
⑳冷却水及び温水の出入口　㉑排水管　㉒10　㉓ガス漏れ検知器
㉔警報装置　㉕1/3　㉖機械換気　㉗防火　㉘浸水防止　㉙停止
㉚非常用

Q51 ★☆☆ □□□ □□□ □□□ 甲 乙

配線について述べられている下記の文章の穴を埋めよ。
- 低圧ケーブルは，直流―（ ① ）V 以下，交流―（ ② ）V 以下の電圧を使用する。

・高圧ケーブルは，直流－（ ③ ）を超え（ ④ ）以下，交流－（ ⑤ ）を超え（ ⑥ ）以下に使用する。

A51

①750　②600　③750　④7000　⑤600　⑥7000

Q52　★☆☆　□□□　□□□　□□□　　甲｜乙

総合操作盤について述べられている下記の文章の穴を埋めよ。

・総合操作盤は（ ① ）・（ ② ）・（ ③ ）・（ ④ ）及び付属装置で構成されているものとし，（ ⑤ ）性を有しており，周囲の温度が（ ⑥ ）の範囲（平均（ ⑦ ）℃を超えないもの）とし，定格電圧の（ ⑧ ）の範囲で異常がないこと。

・また，外箱は（ ⑨ ）材料とし，電気の影響を考え，（ ⑩ ）又は（ ⑪ ）が附置されており，ガス緊急遮断弁の制御回路に接続されている端子は，（ ⑫ ）が設けられており，電源部は（ ⑬ ）に連続して耐える容量とする。

・消防用設備等と建築設備（（ ⑭ ）・（ ⑮ ）・（ ⑯ ））もしくは，一般設備（（ ⑰ ）・（ ⑱ ）・（ ⑲ ）等）を兼用する場合，消防用設備等と建築設備を優先する。

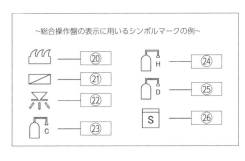

~総合操作盤の表示に用いるシンボルマークの例~

A52

①表示部　　　　　②操作部　　　　　③制御部　　　　　④記録部
⑤耐久　　　　　　⑥－5℃～40℃　⑦35℃　　　　　⑧90％～110％
⑨不燃又は難燃　　⑩予備電源　　　　⑪非常電源　　　　⑫危険防止用表示カバー
⑬最大負荷　　　　⑭建築排煙設備　　⑮非常照明設備　　⑯非常用EV

⑰電気設備　⑱給排水衛生設備　⑲空調設備　⑳火災表示
㉑屋内消火栓設備　㉒スプリンクラー設備　㉓二酸化炭素消火設備　㉔ハロゲン化物消火設備
㉕粉末消火設備　㉖自動火災報知設備（煙感知器）

下記はおまけ（参考情報）です。

ハロゲン化物消火設備　特徴	
ハロン2402	ヘッドは霧状に放射
	移動式のノズル保持部は熱不良材料もしくは断熱材で覆わなければならない
ハロン1301	貯蔵容器には消火剤だけでなく，常に窒素が入っている
	音響装置（ブザー音）にすることが出来る
	遅延装置は設けなくてよい
HFC-23	容器弁の耐圧試験圧力は24.5 MPa を 2 分間耐えれるものとする
HFC-227ea	貯蔵容器には消火剤だけでなく，常に窒素が入っている
FK-5-1-12	ヘッドは霧状に放射

耐圧試験	
容器弁箱	・24.5 MPa の水圧 2 分間加え，漏水・変形しないこと 　├─貯蔵容器（二酸化炭素　高圧） 　├─貯蔵容器（HFC-23） 　└─加圧ガス容器（粉末） ・耐圧試験圧力 2 分間加え，漏水・変形しないこと 　──その他
定圧作動装置	・最高使用圧力×1.5倍を 2 分間加え，漏水・変形しないこと
移動式ホース・ノズル	・最高使用圧力×1.5倍を 2 分間加え，漏水・変形しないこと

気密試験	
容器弁	・窒素ガス，空気を 5 分間加え，漏水しないこと
定圧作動装置	・窒素ガス，空気を 5 分間加え，漏水しないこと
移動式ホース・ノズル	・窒素ガス，空気を 2 分間加え，漏水しないこと

演習問題

〈機械に関する部分〉

問題1 貯蔵容器・容器弁・自動冷却装置・圧力警報装置に関する記述として誤っているものは次のうちどれか。

(1) 貯蔵容器に消火剤を充てんする際，耐圧試験を受けてから5年以上経過している場合，再検査する。

(2) 容器弁は35℃において30 MPa以下と定められている。

(3) 二酸化炭素消火設備の低圧式において用いる自動冷却装置は-18℃～-20℃に保つようにする。

(4) 二酸化炭素消火設備の低圧式において用いる圧力警報装置は2.3 MPa以上または1.8 MPa以下での圧力で作動するものとする。

〈解説〉 二酸化炭素消火設備の低圧式において用いる圧力警報装置は2.3 MPa以上または1.9 MPa以下での圧力で作動するものとする。

問題2 各消火剤種別ごとに定められている充填比の組み合わせにおいて誤っているものは次のうちどれか。

(1) 消火剤：二酸化炭素（低圧）　充填比：1.1～1.4

(2) 消火剤：ハロン1301　充填比：0.9～1.6

(3) 消火剤：第一種粉末　充填比：0.8～1.45

(4) 消火剤：第三種粉末　充填比：1.05～1.75

〈解説〉

(3) 消火剤：第一種粉末　充填比；0.85～1.45

　　P.141 ■**貯蔵容器の充填比**　参照

問題3 選択弁又は閉止弁について誤っているものは次のうちどれか。

(1) 選択弁は防護区画内に設けた。

(2) 選択弁は手動でも開放できるようにした。

(3) 二酸化炭素消火設備には点検時の安全確保のため閉止弁を設けた。

(4) 選択弁は集合管又は起動操作管のどちらかに設けることとする。

解答 問題1（4）　問題2（3）　問題3（1）

〈解説〉 選択弁は防護区画以外の場所に設けること。

問題4　定圧作動装置，配管，噴射ヘッドについて誤っているものは次のうちどれか。

(1) 定圧作動装置にはスプリング式，封版式，圧力スイッチ式の3種類がある。

(2) Sch（スケジュール）とは配管の肉厚を番号かしたものである。

(3) 選択弁や閉止弁を設ける場合，貯蔵容器との間に安全装置や破壊板を設ける。

(4) ハロン1301とFK-5-1-12を放射する噴射ヘッドは消火剤を霧状に放射させること。

〈解説〉 ハロン2402とFK-5-1-12を放射する噴射ヘッドは消火剤を霧状に放射させること。

問題5　噴射ヘッドの放射圧力と放射時間について誤っているものは次のうちどれか。

(1) 二酸化炭素（高圧式）の放射圧力は0.9 MPa以上とし，通信機器室に設ける際の放射時間は3分以内とする。

(2) 二酸化炭素（低圧式）の放射圧力は0.9 MPa以上とし，指定可燃物取り扱い場所に設ける際の放射時間は7分以内とする。

(3) ハロン1301の放射圧力は0.9 MPa以上とし，放射時間は30秒以内とする。

(4) 粉末消火設備の放射圧力は0.1 MPa以上とし，放射時間は30秒以内とする。

〈解説〉 二酸化炭素（高圧式）の放射圧力は1.4 MPa以上とし，通信機器室に設ける際の放射時間は3.5分以内とする。P.141　**■ヘッドの噴射圧力と放射時間**　参照

解答　問題4（4）　問題5（1）

問題6　起動装置について誤っているものは次のうちどれか。

- (1)　二酸化炭素，ハロン2402，ハロン1301，ハロン1211，粉末における起動装置は原則手動式とする。常時人が居ない場合でも手動式とする。
- (2)　窒素，IG-55，IG-541，HFC-23，HFC-227ea，FK-5-1-12における起動装置は原則自動式とする。
- (3)　起動装置における操作スイッチの高さは0.8～1.5 m とする。
- (4)　自動手動装置の切り替えはカギによって行う。

〈解説〉　常時人が居ない場合には自動式とする。

問題7　音響警報装置，遅延スイッチ，放出表示灯について誤っているものは次のうちどれか。

- (1)　全域放出方式には音声によるものを設ける。
- (2)　常時人が居ない場所やハロン1301を設ける場合は音響によるものでよい。
- (3)　二酸化炭素，ハロン2402，ハロン1301，ハロン1211，粉末における起動装置は30秒以上の遅延スイッチを設ける。
- (4)　放出表示灯は出入り口などの見やすい箇所に設ける。

〈解説〉　二酸化炭素，ハロン2402，ハロン1301，ハロン1211，粉末における起動装置は20秒以上の遅延スイッチを設ける。

問題8　総合操作盤を設ける基準として誤っているものは次のうちどれか。

- (1)　延べ床面積が50,000 m²以上
- (2)　延べ床面積が10,000 m²以上の地下街
- (3)　地階を除く階が11階以上でかつ，延べ床面積が10,000 m²以上（消防長等の指定を受けたもの）
- (4)　地階を除く階が5階以上でかつ，延べ床面積が20,000 m²以上（消防長等の指定を受けたもの）

〈解説〉　延べ床面積が10,000 m²ではなく1,000 m²以上の地下街で設ける。

解答　問題6（1）　問題7（3）　問題8（2）

1 構造・機能及び工事又は整備の方法

問題 9 **非常電源において誤っているものは次のうちどれか。**

(1) 操作盤，排出装置，制御盤と非常電源を接続する配線は耐熱配線とする。

(2) 非常電源は自家発電設備，蓄電池設備，燃料電池設備のいずれかとし，1時間作動できる容量とする。

(3) キュービクル式以外の自家発電設備における周囲の保有距離は0.6 m以上とする。

(4) 燃料電池設備はキュービクル式とする。

〈解説〉 操作盤，排出装置，制御盤と非常電源を接続する配線は耐火配線とする。

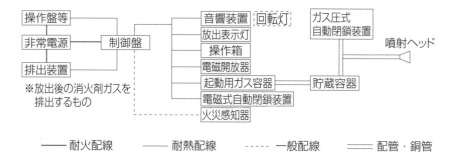

〈規格に関する部分〉

問題10 **容器弁について誤っているものは次のうちどれか。**

(1) 容器弁の耐圧試験において，二酸化炭素を常温で貯蔵している容器の弁箱は24.5 MPaを2分間加えて漏れや変形を生じないこととする。

(2) 容器弁の気密試験では窒素ガスか空気による規定圧力を5分間加えて漏れなどを生じさせないようにする。

(3) 容器弁の振動試験では容器に圧力を加えた状態で，全振幅2 mm，振動数2000回，毎分の振動をそれぞれ1時間与えた後に衝撃試験に合格するものとする。

(4) 容器弁の表示について，充填ガスの種類・製造年月日・質量・再検査年月日などを記載する必要がある。

〈解説〉 日は不要で，製造年月と再検査年月が正しい。

解答 問題 9 （1） 問題10（4）

問題11　音響警報装置について誤っているものは次の内どれか。

(1)　音響警報装置は音声警報装置と音響装置に分かれている。

(2)　音声警報装置は定格電圧で10分間連続使用できることとする。

(3)　音声警報装置のメッセージは男性の声とし，シグナルのスイープ音は1 m 離れて90 db 以上とする。

(4)　音響装置は 1 m 離れて90 db 以上とする。

〈解説〉　シグナルのスイープ音は 1 m 離れて92 db 以上とする。

問題12　噴射ヘッド，定圧作動装置，制御盤について誤っているものは次のうちどれか。

(1)　噴射ヘッド（粉末以外）にはオリフィス径 3 mm 未満の目詰まり防止用フィルターを設ける。

(2)　定圧作動装置の耐圧試験では，最高使用圧力の1.5倍の水圧力を 2 分間加えて異常がないこと。

(3)　定圧作動装置の気密試験では，最高使用圧力の窒素ガス又は空気圧力を 2 分間加えて異常がないこと。

(4)　制御盤の充電部と外箱の間の絶縁耐力は実効電圧500 V の交流電圧を加えた場合，1 分間これに耐えられるものであること。

〈解説〉　定圧作動装置の気密試験では，最高使用圧力の窒素ガス又は空気圧力を 5 分間加えて異常がないこと。

問題13　不活性ガス・ハロゲン化物・粉末における移動式について誤っているものは次のうちどれか。

(1)　消火剤が二酸化炭素の場合，放射量は60 kg/分とする。

(2)　消火剤が第 3 種粉末の場合，放射量は45 kg/分とする。

(3)　ホースの長さはノズル部分も含めて20 m 以上とする。

(4)　気密試験では窒素ガス又は空気圧力を 2 分間加えて異常がないこと。

〈解説〉　消火剤が第 3 種粉末の場合，放射量は27 kg/分とする。

解答　問題11（3）　問題12（3）　問題13（2）

問題14　**非常電源について誤っているものは次のうちどれか。**

(1)　自家発電設備，蓄電池設備（直交交換装置），燃料電池設備の電源確立
　　　から投入までは40秒以内とする。

(2)　蓄電池設備には過充電防止装置を設けること。

(3)　蓄電池設備で直流電源の場合，逆流防止装置(インバーター)を設ける。

(4)　自家発電設備の電源確立，投入，送電は全て自動で行うが，管理常駐
　　　者がいる場合は手動でもよい。

〈解説〉　交流電源の場合，逆流防止装置（インバーター）を設ける必要がある。

問題15　**配線について誤っているものは次のうちどれか。**

(1)　低圧ケーブルは，直流の場合750 V以下の電圧を使用する。

(2)　低圧ケーブルは，交流の場合600 V以下の電圧を使用する。

(3)　高圧ケーブルは，直流の場合750 Vを超え7000 V以下の電圧を使用する。

(4)　高圧ケーブルは，交流の場合600 Vを超え6000 V以下の電圧を使用する。

〈解説〉　高圧ケーブルは，交流の場合600 Vを超え7000 V以下の電圧を使用する。

解答　問題14（3）　問題15（4）

重要用語集

 ここでは，受験者の皆さんが間違えやすい（引っかかり
やすい）ところや，特に重要な用語をまとめています。
普段の学習や，直前期の見直しにご活用下さい。

Point 1
消火原理 について

除去消火	：	酸化反応をしている箇所から，燃料を除去又は燃料の供給を遮断させる。つまり，燃える物質自体を無くすことで消火させる。
冷却消火	：	燃焼物を冷却することで消火させる。
窒息消火	：	可燃物周囲の酸素濃度を下げることにより消火させる。
負触媒消火	：	ある物質（ハロゲン化物等）が触れることにより，燃焼を継続不能にすることで消火させる。

Point 2
全域放出方式 ：密閉又は密閉に近い状態で区画した防護区画内全域に消火剤（不活性ガス・ハロゲン化物・粉末）を均等に放出して，消火させる方式。

局所放出方式 ：防護対象物の周囲に壁等により区画が困難な場合，もしくは高天井の場合等により，防護区画のの形成が困難な場合に用いる。防護対象物に直接噴射して，消火させる方式。

Point 3
防火材料 には3種類ある。

　　①不燃材料　：20分間下記要件を満たす。

　　②準不燃材料：10分間下記要件を満たす。

　　③難燃材料　：5分間下記要件を満たす。

防火材料には3つの要件がある。

　　①通常の火災時での加熱により燃焼しない。

　　②防火上有効な変形，融解，亀裂などの損傷を生じない。

　　③避難上有害な煙やガスを発生しない。（建築物の外部仕上げは例外。）

Point 4

アンド回路（AND）とは 2 種類以上の感知器が両方作動して初めて動作するもの。これと逆にどれか 1 つだけででもいいのがオア回路（OR）である。

Point 5

制御盤

起動装置からの信号を受け，音声警報装置，自動閉鎖装置，給排気停止装置，消火剤放出（遅延装置）等の制御を行う。

1. 安全対策型認定品であること
2. 火災表示灯・起動表示灯・放出表示灯・手動自動表示灯・閉止弁開閉表示灯を有すること
3. 定格24 V ±10%（誤差の範囲）であること
4. 自動・手動切替機能を有すること

操作箱

1. 日本消防設備安全センターの性能評定品であること
2. 設置高さは0.8 m〜1.5 m とする
3. 起動用扉開操作により音響警報装置が鳴動する
4. 保護アクリルによる放出押ボタン保護を有すること
5. 外箱は赤色とする
6. 電源表示灯を有すること
7. 自動・手動切替機能を有することする

音響警報装置

防護区画及びその付近にいる人に消火剤を放出することを知らせて退避させるもの。スピーカー等を用いた音声による警報設備とモーターサイレン，ベル，ブザー等の音響による警報装置がある。

1. 日本消防検定協会の認定品であること
2. 起動装置の作動により退避（注意）放送を発信する
3. モーターサイレン，ベル，ブザー等の音響は，1 m 離れた位置で音圧90 db 以上とする
4. スピーカー音声は，1 m 離れた位置で音圧92 db 以上とする
5. 音声はスイープ音の後に放送される。
   退避：「火事です。火事です。消火剤を放出します。危険ですので避難

してください。」

　　注意：「火事です。火事です。室内を確認してから，放出押ボタンを押
　　　　　してください。」

自動火災報知設備

消火設備の起動方式が自動式の場合に使用する。

1．異種の（種類の異なる）感知器を2種類以上使用し，両方の感知器が作
　　動した場合のみ起動となる回路（AND回路）とする
2．防護区画毎に警戒区域を設ける

蓄電池設備

1．1時間以上作動できる容量であること
2．常用電源は，他の電気回路の開閉器や遮断器によって遮断されないこと
3．常用電源が停電したときは，自動的に常用電源から非常電源へ切り替わ
　　ること
4．消防庁長官が定める基準に適合するものであること
5．負荷容量により蓄電池を選定する

放出表示灯（充満表示灯）

防護区画の出入り口（防護区画に隣接する側）の見やすい所に消火剤が放出
された旨を表示する為に設けられる。

閉止弁

1．誤動作を防止するための装置。貯蔵容器と選択弁の間の集合管又は，起
　　動用ガス容器と貯蔵容器の間の起動用銅管のいずれかに設置し，「常用
　　開・点検時閉」の表示が必要。
2．日本消防設備安全センターの性能評定品であること。

二酸化炭素貯蔵容器

常温で貯蔵される高圧式と消火剤を−18℃以下で貯蔵される低圧式に区分される。

高圧式については下記の要件を満たすこととする。

1. 高圧ガス保安法及び, 同法に基づく容器保安規則により製造され, 検査に合格したもの
2. 防護区画以外の場所に設けること
3. 温度40℃以下の場所に設けること
4. 直射日光, 雨水のかかるおそれの少ない場所に設置すること
5. 充填比は1.5〜1.9とする
6. 容器弁は, 日本消防設備安全センターの認定品であること
7. 貯蔵容器には容器番号, 消火剤の種類, 製造年及び製造者名を表示する

起動用ガス容器

1. 高圧ガス保安法及び同法に基づく容器保安規則により製造され, 検査に合格したもの
2. 起動用ガス容器及び容器弁は, 24.5 MPa 以上の圧力に耐えるものである
3. 1 L以上で充填される二酸化炭素は0.6 kg 以上, 充填比1.5以上である
4. 消防庁長官が定める基準に適合する容器弁及び, 安全装置が設けられている

容器弁開放器

制御盤の起動信号を受けて起動用ガスの容器弁を開放するもの。

圧力スイッチ

放出ガスの圧力を受け, 制御盤に放出信号を送るもの。

選択弁

1つの防火対象物又は, その部分に防護区画や防護対象物が2以上存在する場合で, 貯蔵容器を共有する場合は, 防護区画又は防護対象物ごとに設ける弁。

1．ガス圧により確実に作動でき，かつ，手動により開放出来る構造のもの
　であること。

2．選択弁には選択弁である旨及び，いずれかの防護区画又は，防護対象物
　のものであるかを表示する

3．消防設備安全センターの認定品であること。

安全弁

　貯蔵容器から噴射ヘッドまでの間に選択弁を設けるものには，貯蔵容器と選
択弁等の間に安全装置を設けることとされており，一般的には集合管部分に設
ける。

噴射ヘッド

　噴射ヘッドは，配管内を輸送されてきた液化二酸化炭素を気化させて放射す
るもので，噴射ヘッドの放出圧力は，高圧式にあっては1.4 MPa 以上である。

　所定の放射量を規定時間内に放出するように作られている。

　圧力損失計算に基づき等価噴口面積が計算され，指定のコード番号ものを設
置しなくてはならない。（コード番号とは，どれだけオリフィス径を絞ってい
るかをコード化したもの）

　消防設備安全センターの認定品。

Point　6

自動閉鎖装置
：防護区画の開口部を消火剤放出前に閉鎖し，消火剤濃度の
　保持及び，消火剤の流出を防止するためのもの。

給排気停止装置
：全域放出方式にあっては，消火剤の濃度の保持を考慮して
　設ける。

　局所放出方式にあっては，噴射ヘッドの放出パターンへの影
　響性を考慮して設ける。

　上記2つの設備については，電気式，ガス圧式のものがあり，一般的にはガ
ス圧式を利用する。ピストンレリーザを使用し自動的に作動させる。復旧は手
動である。

ピストンレリーザ：加圧や減圧でピストンが上下することによって，弁やダン
　　　　　　　　　パーなどを閉鎖させるための装置をいう。

コラムその2　消防設備士の魅力

（詳しくはブログや拙著『最強の仕事―消防設備点検』でご覧いただければと思いますが）東京という見知らぬ土地でニートの状態から，消防設備士の資格と現場スキルでお金を稼ぐことができた僕は，『消防設備業界日本一になる』と決めて起業物語をスタートしました。

それから2週間後，閃きました。
「これから世の中は AI によって大きなリストラ時代を迎える。そんな時に消防設備士の資格と現場スキルを持ってたら，もしものことがあってもみんな生活出来るんちゃう？そんな時にぱっと仕事を探せて参加できるようなアプリがあれば便利やろうな。よし，そんなアプリを作ろう。」

それから3年の月日を経て『ビルメ』をリリースすることが出来ました。ビルメとはビルメンテナンス業界特化型のマッチングサービスです。是非，消防設備士をお持ちの方は登録してみてください。仕事探し以外にも様々なコンテンツを増やしていくので楽しんでもらえると思います。

それから『team1』というオンラインサロンを立ち上げました。
これは建設業界やビルメンテナンス業界の人たちを中心にしたオンラインサロンです。オフラインの交流会もあるので個人事業主や経営者でなくても気軽に参加して価値ある人脈を作ってもらえたら嬉しいです。

現在，消防設備業界は高齢化が進んでます。作業員だけでなく経営者も後継者不足により企業存続も危ぶまれている状況です。消防設備点検は半年に一回行う必要があるのですが，点検が必要な防火対象物のうち，実際に実施できているのは約50％と低い現状なのです。 今後更に消防設備士の人口が減少することは，より点検を行う作業員不足の問題に陥る可能性があります。
消防設備士資格と少しの現場スキルがあれば，副業としても手堅く稼ぐことができます。

今後も世の中に消防設備士の魅力を伝えるために頑張っていけたらと思います。

実技試験

実技試験は**「鑑別等試験」**と**「製図試験」**に大別されます。

　甲種：全7問（鑑別等試験：5問，製図試験：2問）

　乙種：全5問（鑑別等試験：5問）

という形で出題されます。

正答率60％を超えないと合格することは出来ません（1問の中でも部分点があります。）また筆記試験は四肢択一で出題されますが，実技試験は記述式の為難易度が上がります。

● **「鑑別等試験」**は写真等を掲載されて出題される問題が必ず存在します。その他文章のみの問題も出題される場合もありますが，基本的には「筆記試験」を学習すれば解ける問題です。ここまでの部分をしっかり解けるようにしておいてください。

● **「製図試験」**は出題パターンがある程度限定されているため，しっかり傾向を理解して対策しましょう。事前に頭に入れておくべき表（主に構造・機能〜の要点まとめ）を覚えることは大変ですが逃げずに頑張りましょう。

1 鑑別問題

下図の名称を答えよ。

①	②	③
④	⑤	⑥
⑦	⑧	⑨

解答　①ユニオン　　②ソケット　　③異径ソケット

④45°エルボ　⑤90°エルボ　⑥ニップル

⑦ブッシング　⑧六角プラグ　⑨フランジ

問題2 下図の名称及び用途をそれぞれ答えよ。

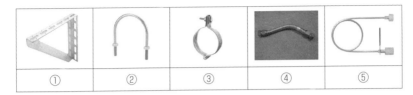

①	②	③	④	⑤

解答

① 【名称】三角ブラケット　　　　　　　【用途】配管を支持する

② 【名称】Uボルト　　　　　　　　　　【用途】配管を支持する

③ 【名称】吊りバンド　　　　　　　　　【用途】配管を支持する

④ 【名称】連結管（フレキシブル管）【用途】容器弁と集合管を連結する

⑤ 【名称】連結管（銅管）　　　　　　　【用途】容器弁同士又は，容器弁と起動用ガス容器を連結する

問題3 下図における各設問に答えよ。

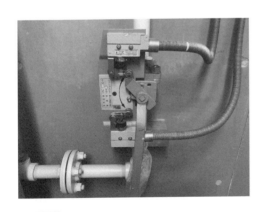

(1) 機器の名称

(2) 設ける目的

(3) 設ける場所

解答

(1) 閉止弁

(2) 点検時の誤作動による事故防止のため

(3) 集合管と選択弁の間

　　　※起動用ガス容器と容器弁の間に設けるものも存在する

問題 4　下図の名称及び用途をそれぞれ答えよ。

①	②	③

④	⑤	⑥

解答

① 【名称】パイプレンチ　【用途】配管におけるネジ部を締め付け及び緩める際の配管固定等に使用する。

② 【名称】チェーントング　【用途】パイプレンチでは対応できないような太い配管を固定するために用いる。

③ 【名称】パイプカッター　【用途】円状刃を配管に食い込ませた後，配管の周囲を器具が回転することで徐々に切断する。

④ 【名称】バンドソー　【用途】高速回転する帯状ののこぎり刃で金属を切断する。配管，鉄鋼材の切断に使用する。

⑤ 【名称】フレアツール　【用途】配管を器具に固定した後，レバーを回すことで配管端部をラッパ上に変形させる器具。

⑥ 【名称】ねじ切り機　【用途】配管端部におねじを形成する器具。

問題5　下図は移動式の二酸化炭素消火設備である。各部の名称を答えよ。

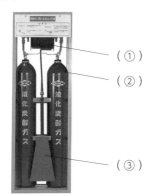

解答　①ホースリール　②貯蔵容器　③ノズル

問題6　下図はハロゲン化物消火設備の起動装置である。各設問に答えよ。

(1)　aの扉を開くと起こる現象を答えよ。

(2)　誤って放出スイッチを押してしまった場合，これを取り消すための操作方法を答えよ。

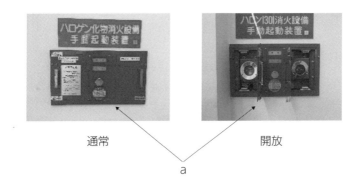

通常　　　　　　　　　　　　　　開放

a

解答　(1) 音響警報装置が作動する。（音声により館内避難警報が流れる）

(2) 起動装置内の放出停止スイッチを押す。（右写真の右側のスイッチ）

問題7 下図は不活性ガス消火設備における一部である。各部の名称及び主な機能を答えよ。

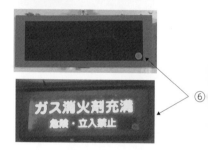

解答

【名称】	【機能】
①噴射ヘッド	規定量の消火剤を一定時間内に放射するためのもの。
②圧力スイッチ	消火剤が選択弁通過後，圧力スイッチが感知すると，放出表示灯を点灯させる。
③選択弁	防護区画又は防護対象物が2つ以上で貯蔵容器を共有する場合，放出場所を選択するためのもの。
④起動用ガス容器	貯蔵容器内の消火剤を放出するため，容器弁を開放するためのもの。
⑤容器弁	高圧式の貯蔵容器に設けるもので，消火剤の放出を司るもの。
⑥放出表示灯	選択部分に消火剤が放出された場合，隣接する部分の出入り口に設け，充満を知らせるもの。

問題8 下図は不活性ガス消火設備における一部である。各部の名称及び主な機能を答えよ。

解答

【名称】	【機能】
①容器弁開放器（電磁開放器）	制御盤の起動信号を受けて起動用ガスを放出させて容器弁を開放する。
②（容器弁用）安全装置	貯蔵容器内部の圧力が一定以上になると作動する。容器内部の圧力を放出し，容器の破壊を防ぐ。
③（配管用）安全装置	配管内部の圧力が一定以上になると作動する。配管内部の圧力を放出し，配管の破壊を防ぐ。

問題 9 下図はハロン1301消火設備における一部である。各部の名称及び主な機能を答えよ。

解答　【名称】

音響警報装置（音響装置）

【機能】

防護区画及びその付近にいる人に消火剤を放出することを知らせて退避させるもの。

2 製図問題

問題1 ある通信施設にある各室を下表に示す。これらにハロン1301を放射する全域放出方式のハロゲン化物消火設備を設置し，貯蔵容器を共有して放出区画を選択できるようにした場合，次の設問に答えよ。

通信施設の概要

	A室	B室	C室
用途	通信機器室	通信機器室	電気室
床面積	20 m × 30 m	20 m × 25 m	20 m × 15 m
天井高	3 m	3 m	6 m
開口部面積	1か所（自動閉鎖装置なし）12 m²	1か所（自動閉鎖装置あり）26 m²	1か所（自動閉鎖装置あり）12 m²

(1) この通信施設に必要な最小消火剤量を答えよ。

(2) 貯蔵容器1本に50 kgのハロン1301を充てんする場合，貯蔵容器は最低何本になるかを答えよ。

解答 (1) 604.8 kg (2) 13本

〈解説〉

(1) はじめに，各室の容積を考える。

A室：20 m × 30 m × 3 m = 1800 m³

B室：20 m × 25 m × 3 m = 1500 m³

C室：20 m × 15 m × 6 m = 1800 m³

次に，各室の防護区画の体積1 m³当たりの消火剤量0.32 kgを元に，必要する最小消火剤量を求めていく。

A室：1800 m³ × 0.32 kg/m³ + 12 m² × 2.4 kg/m² = 604.8 kg

B室：1500 m³ × 0.32 kg/m³ = 480 kg

C室：1800 m³ × 0.32 kg/m³ = 576 kg

よって，消火剤量が604.8 kgを有していれば，問題ないことがわかる。

(2) 次に，1本当たり50 kgの貯蔵容器が何本になるかを求める式は次の通りである。

604.8 kg ÷ 50 kg/本 = 12.096本　よって，13本が最低本数となる。

問題2　下図は二酸化炭素を放射する全域放出方式の不活性ガス消火設備の系統図である。起動回路に逆止弁7個を各防護区画への必要本数に満たすように配置しなさい。また，その他必要な設備を書き込みなさい。

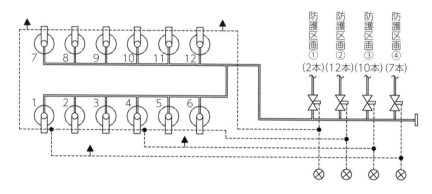

> | ↗ | 逆止弁 | ▭ | (配管用)安全装置 |
> | ⊗ | 起動用ガス容器 | | 貯蔵容器 |
> | ✕ | 選択弁 | | |
> | ✕ | 閉止弁 | ▲ | リリーフ弁
(操作導管の閉塞部に設置) |

解答　答えは下図のとおりである。

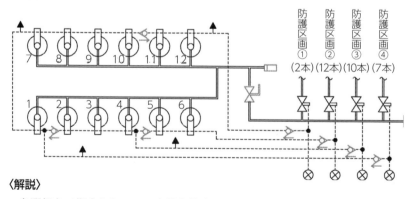

〈解説〉

　各選択弁で指定されている本数を放出できるようにするため，逆止弁を適切に配置する。矢印の向きのみガスが通る。（矢印の向きを間違えないよう注意）

問題3 下図は美術館の一部である「閲覧室1」「閲覧室2」の系統図である。次の各設問に答えよ。

(1) 「閲覧室1」及び「閲覧室2」に必要なハロン1301消火剤の量を求めよ。

(2) 下の系統図を完成させよ。

※配管径，電線本数は記入しなくてよい

※非常電源は制御盤の内蔵型であり，1次引込，関連設備停止及び移報は省略する。

※貯蔵容器1本には50 kg 充てんするものとする。

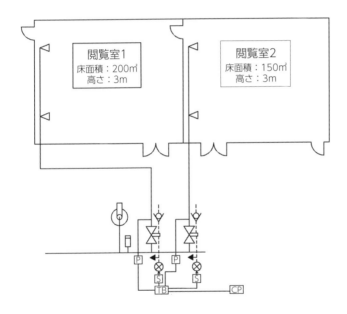

🔔	:貯蔵容器	⋈	:選択弁
◖	:放出表示灯	P	:圧力スイッチ
◁	:噴出口	TB	:端子箱
⋑	:逆止弁	S	:容器弁ソレノイド
↟	:リリーフ弁	⊗	:起動用ガス容器
◉	:スピーカー	CP	:制御盤
◪	:手動起動装置		

233

（1）「閲覧室 1」192 kg　「閲覧室 2」144 kg
（2）下図の通り

〈解説〉

（1）各室それぞれの消火剤量の求め方は次の通りである。

「閲覧室 1」の体積を求める。

$200 \text{ m}^2 \times 3 \text{ m} = 600 \text{ m}^3$

防護空間 1 m^3 あたりの消火剤量は0.32 kg であるため，必要とする消火剤量は次の通りとなる。

$600 \text{ m}^3 \times 0.32 \text{ kg/m}^3 = 192 \text{ kg}$

「閲覧室 2」の体積を求める。

$150 \text{ m}^2 \times 3 \text{ m} = 450 \text{ m}^3$

コイン防護空間 1 m^3 あたりの消火剤量は0.32 kg であるため，必要とする消火剤量は次の通りとなる。

$450 \text{ m}^3 \times 0.32 \text{ kg/m}^3 = 144 \text{ kg}$

（2）貯蔵容器の本数については，2 室のうち必要消火剤量が最大である「閲覧室 2」の192 kg を満たす必要があるため，次の通りとなる。

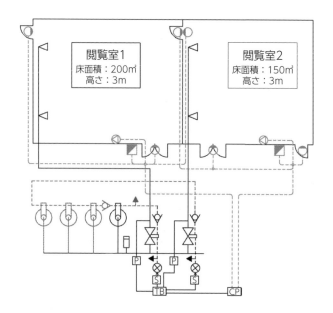

問題 4　下図のような機械式駐車場において，窒素を放射する不活性ガス消火設備を全域放出方式で設置する。なお，出入り口と換気口には自動閉鎖装置が設置されているものとする。

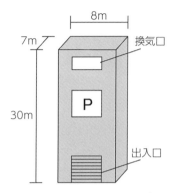

(1)　必要となる消火剤量を答えよ。

(2)　貯蔵容器 1 本に20.3 m³の窒素を充てんする場合，最低何本設置することになるかを答えよ。

解答　(1) 866.88 m³　(2) 43本

〈解説〉

(1)　まず，機械式駐車場の体積を求める。

　　　8 m × 7 m × 30 m ＝1,680 m³

　　窒素は法令上必要とする消火剤量が0.516 m³以上0.740 m³以下であるため，必要とする最小消火剤量は次のように求める。

　　　1,680 m³ × 0.516 m³/m³ ＝ 866.88 m³

　　よって，消火剤量が866.88 m³を有していれば，問題ないことがわかる。

(2)　1 本当たり20.3 m³の貯蔵容器が何本になるかを求める式は次の通りである。

　　　866.88 m³ ÷ 20.3本/m³ ＝ 42.70本

　　よって，43本が最低本数となる。

問題5 下図は自走式立体駐車場の平面図である。ここに移動式粉末消火設備を設ける場合，最小設置数となるよう配置しなさい。

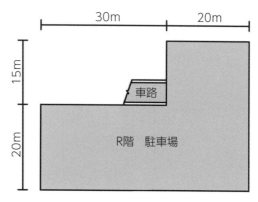

解答 移動式粉末消火設備は半径15 m である。これをもとに考えると設置数は 5 個となり，配置は次の通りとなる。

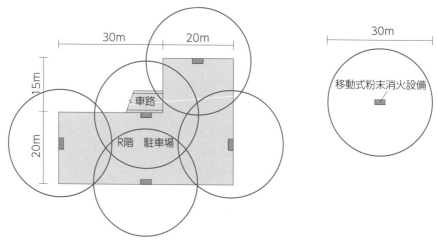

コラムその3　終わりに

最後に WAVE1 という社名の由来を話そうと思います。

私は漫画『ONE PIECE』を読んで起業を決意したので，ルフィを意識して経営しています。主人公のルフィは1話から「海賊王に俺はなる」と言って物語がスタートしています。なので私も「消防設備業界日本一に俺はなる」と言って起業物語をスタートさせました。
物語は波乱万丈です。山あり谷ありを繰り返しながら冒険は進みます。そんないい時と悪い時を繰り返しながら，そんな日々を刻みながら日本一になる起業物語を作る会社，という意味を込めて『株式会社 WAVE1』としました。

これは WAVE1 に限ったことではなく，これを読んでいただいてるあなたにも言えることだと思います。人生は一回なので是非後悔しない生き方をしてください。
消防設備士という仕事は本当に素晴らしいと思います。私自身，その魅力を東京に来て知ることが出来ました。
本書がみなさんの消防設備士としての活躍に対して一助になれると幸いです。

消防設備士第3類は2021年に連続で発生した二酸化炭素消火設備による死亡事故からも注目度が高まっています。是非一人でも多くの方にこの資格にチャレンジしてほしいと思っています。

また，私の YouTube チャンネル『WAVE1 TV』
(https://www.youtube.com/c/WAVE1TV)
に載ってるレクチャー動画もご視聴いただけると幸いです。

またどこかでお会いする機会があれば気軽に声をかけて下さい。
「この問題集で受かることが出来ました。」と言ってもらえると作ってよかったと思えます。多分心の中で泣いていると思います。

写真提供等協力（順不同）

株式会社アーム産業

日酸 TANAKA 株式会社

株式会社アカギ

株式会社キッツ

株式会社松阪鉄工所

株式会社リガルジョイント

合同会社 N ワークス

SANEI 株式会社

因幡電機産業株式会社

能美防災株式会社

和晃技研株式会社

モリタ宮田工業株式会社

株式会社エスコ

ニッタン株式会社

有限会社正栄技研

　ご協力ありがとうございました。

著者プロフィール

吉村　拓也（株式会社 WAVE1 代表取締役）

平成 2 年 2 月16日生まれ
大阪府大東市出身　大阪工業大学建築学科卒業

2014年 8 月〜2017年 3 月
　消防設備・ビルメンテナンスを主体とする父の会社で正社員として勤務
2017年 4 月〜2018年 1 月
　個人事業主として消防設備点検の応援をメインとして事業を開始
2018年 1 月〜現在
　株式会社 WAVE1 を設立し，現在30人以上の社員を有する会社を経営。
　メイン事業は消防設備点検・工事及び IT 事業
　IT サービス「ビルメ」の運営を開始

著書
　・「最強の仕事 消防設備点検（新装版）」
メディア
　・消防設備士に特化したテレビ番組「ビジタメ1」でザブングル加藤と共に
　　MC を務める
　・その他 ゲスト出演多数
その他
　・オンラインサロン「team1」の運営
　・消防設備士試験の講師業
保有資格
・消防設備士甲種特類（2015年 7 月31日滋賀）・消防設備士甲種 1 類（2015年 4 月20日山梨）
・消防設備士甲種 2 類（2015年 7 月14日東京）・消防設備士甲種 3 類（2015年 6 月 5 日大阪）
・消防設備士甲種 4 類（2014年12月25日沖縄）・消防設備士甲種 5 類（2017年 4 月 3 日滋賀）
・消防設備士乙種 6 類（2015年 5 月13日東京）・消防設備士乙種 7 類（2015年 6 月17日岐阜）
※消防設備士全 8 種類取得期間：219日（約 7 カ月）

・建築物環境衛生管理技術者
・ 2 級建築士

この1冊でよくわかる！吉村拓也の第3類消防設備士

著　　　者	吉村　拓也
印刷・製本	亜細亜印刷㈱

発　行　所　株式会社　弘文社　〒546-0012 大阪市東住吉区
　　　　　　　　　　　　　　　　中野2丁目1番27号
　　　　　　　　　　　　　　　☎ （06）6797－7441
　　　　　　　　　　　　　　　FAX（06）6702－4732
　　　　　　　　　　　　　　　振替口座 00940－2－43630
代　表　者　岡﨑　　靖　　　東住吉郵便局私書箱1号